2022 中国自然教育发展报告

中国林学会 编著

中国林业出版社
China Forestry Publishing House

图书在版编目（CIP）数据

2022中国自然教育发展报告/中国林学会编著. --北京：中国林业出版社, 2024.5
ISBN 978-7-5219-2711-5

Ⅰ.①2… Ⅱ.①中… Ⅲ.①自然教育-研究报告-中国-2022 Ⅳ.① G40-02

中国国家版本馆CIP数据核字（2024）第095391号

策划编辑：肖　静
责任编辑：甄美子　肖　静

出版发行：中国林业出版社
　　　　　（100009，北京市西城区刘海胡同7号，电话83143616, 83143577）
电子邮箱：cfphzbs@163.com
网　　址：https://www.cfph.cn
印　　刷：河北鑫汇壹印刷有限公司
版　　次：2024年5月第1版
印　　次：2024年5月第1次
开　　本：787mm×1092mm 1/16
印　　张：9.25
字　　数：175千字
定　　价：45.00元

编辑委员会

主　　　任：赵树丛

副 主 任：马广仁　陈幸良　文世峰　刘合胜
　　　　　　沈瑾兰　曾祥谓

项目负责人：郭丽萍　黄　宇　闫保华　陈志强
　　　　　　管美艳

编 写 人 员（按姓名首字母排序）：
　　　　　　陈芷欣　陈志强　管美艳　郭丽萍
　　　　　　黄　宇　林昆仑　王乾宇　邬小红
　　　　　　闫保华　颜　炯　赵兴凯　郑　莉
　　　　　　周　瑾

合 作 机 构：深圳籁福文化创意有限公司

支 持 机 构：阿里巴巴公益基金会
　　　　　　老牛基金会
　　　　　　爱自然公益基金会

中国林学会

中国林学会是中国科学技术协会的组成部分，是我国历史最悠久、学科最齐全、专家最广泛、组织体系最完备、在国内外具有重要影响力的林业科技社团。近年来，中国林学会坚持以习近平新时代中国特色社会主义思想为指引，坚持"四个服务"的职责定位，努力建设林草科技工作者之家，入选中国科协世界一流学会建设行列，先后被授予"全国科普工作先进集体""全国生态建设先进集体"等称号，连续多年被中国科学技术协会评为"科普工作先进单位"，荣获"全国优秀扶贫学会"等称号。在第二十四届中国科协年会发布的《2022年全球科技社团发展指数报告》中，中国林学会名列全球农业科学学会top30名单，排名第10。

中国林学会自2018年开始统筹推进自然教育工作，2019年4月召开自然教育工作会议，应305家单位倡议，成立中国林学会自然教育委员会，致力于建立完善自然教育体系，全面加强自然教育顶层设计，推进资源整合，统筹、协调、服务各地自然教育开展。发布《全国自然教育中长期发展规划（2023—2035）》，牵头编制6项团体标准，出版《自然教育标准辑》，创办中国自然教育大会、北斗自然乐跑大赛、自然教育嘉年华等实践平台，开展自然教育师培训，遴选推荐自然教育优质活动课程、优质书籍读本和优秀文创设计产品，推选全国自然教育基地（学校）等，在全国范围内掀起自然教育热潮。

深圳籁福文化创意有限公司

深圳籁福文化创意有限公司由活跃在全国自然教育一线的机构和个人于2018年创办，致力于通过搭建交流平台、开展行业研究和人才培养等，推动自然教育行业良性发展，目前以打造行业发展专业研究团队、自然教育论坛、自然教育基础培训、青年XIN声等品牌项目。研究团队自2015年起每年进行年度自然教育行业发展调研，并于2019年起受中国林学会委托，负责组织业内专家学者开展2019—2022年自然教育发展报告的调研、撰写等工作。此外，目前展开的工作还包括：专题研究、区域研究、国际自然教育行业发展现状和趋势研究等。

摘 要

2022年是全世界在充满各种复杂不确定性的国际形势中加速落实可持续发展目标的关键一年，也是中国擘画中国式现代化蓝图、开启新征程的关键一年。在这一年中，中国自然教育发展保持着稳健增长的态势，制度空间进一步拓展，规范发展进一步强化，资源基础进一步夯实，社会美誉度进一步提升，为开启自然教育高质量发展的新征程奠定了坚实的基础。

在这样的背景下，由中国林学会主持，全国自然教育网络行业调查委员会研究团队组织业内专家和国内大学相关研究人员，继续开展每年一次的全国自然教育行业调查，完成了《2022中国自然教育发展报告》。报告主要针对自然教育机构、参与自然教育的公众和自然教育基地三个方面开展调查研究，分析了中国自然教育发展的形势和态势，对自然教育领域的一些重要相关方分别提出了若干一般性和针对性的政策建议。

一、主要目标

1. 明晰自然教育服务主体情况

全面呈现2022年度自然教育行业发展概况，明晰全国自然教育机构总数、了解不同地区自然教育机构分布情况与可能类型、厘清不同类型的自然教育机构特征，为我国自然教育高质量发展提供决策参考。

2. 了解自然教育公众需求情况

综合分析自然教育服务对象公众对自然的认知与态度、对自然教育的认知与参与情况，着重梳理中国城市居民对自然教育的意愿与实际行动的关系，探讨其参与自然教育的影响因素及趋势，判断自然教育的市场潜力。

3. 厘清自然教育资源供给情况

重点调研作为自然教育主力军的各种类型自然教育基地开展自然教育的效果、模式、特点，总结国家公园、保护区、自然公园等不同类型的自然保护地开展自然教育的优秀经验，为自然保护地开展自然教育提供有效参考。

二、主要观点和发现

1. 背景和形势

报告指出，以数字化转型加速、高风险社会显现、变动性时代来临为特征的宏观时代背景形成了自然教育需要顺应的时代潮流；以应对气候变化走向中心、社会情感学习愈加重要、生态正义目标更为强化为特征的国际教育动态展现了自然教育需要关注的未来方向；以美丽中国迈出坚实步伐、高质量发展表现坚韧潜力、中国式现代化踏上坚定征程为特征的社会经济发展构建了自然教育高质量发展的现实基础；生态文明建设政策凸显新格局、教育改革发展政策展现新走向、部分关联性政策形成新热点则共同提供了自然教育高质量发展的重要机遇。当前自然教育发展面临着在变局中开拓新局的重大挑战，如何重塑其组织特性、组织职能和组织形态以承担更大的责任并发挥更大作用是自然教育需要回答的时代命题。

2. 行业状况

报告表明，从总体规模来看，全国涉及自然教育业务的机构共15770家，分布在全国各地31个省（自治区、直辖市）；从省域分布来看，广东自然教育机构数量居首（2322家）；从产业性质来看，绝大部分自然教育机构为"民办"（92.89%）；从经营规模来看，超半数的自然教育机构营收在100万元人民币以下（53.66%）、人员规模在50人以下（73.97%）。

3. 机构特征

报告表明，从机构类型来看，自然教育机构主要为工商注册（70.00%），少部分为事业单位和社会组织；从成立年限来看，近两年成立者占比约36%；从服务对象来看，以小学学校团体和小学生为主；从服务类型来看，以提供自然教育活动（65.71%）和课程研发（65.71%）为主；从服务形式来看，以自然观察（77.14%）和自然科普/讲解（74.29%）为主；从财政情况来看，盈利或盈亏平衡机构占比约60%。

4. 服务对象

报告表明，在对自然的态度和看法方面，90%以上的受访者持有积极观点；在对自然教育的认识和参与程度方面，60%以上的受访者持有积极观点，大部分受访者在过去一年中的自然教育消费在3000元以内（71.01%）。受访者参与自然教育活动的第一动机是自我发展，最大的阻力是时间不足，偏好自然体验类活动，偏好价格在 200 元/（人·天）以内。在自然教育的活动成效方面，受访者中对自然教育活动非常满意或比较满意的比率达到了 68.59%。在参与自然教育的偏好和意愿方面，有 77.20% 的受访者表示未来 12 个月内有可能参与自然教育活动。

5. 自然教育基地（学校）

报告表明，绝大部分自然教育基地拥有完善的基础设施以开展自然教育，四成以上的自然教育基地开放 50% 以上的面积开展自然教育活动。从开放程度来看，自然公园的开放度更高。从服务类型来看，面向小学开展自然科普是自然教育基地的主要服务方式，以开展自然科普/讲解（83.68%）、自然观察（68.95%）、自然解说/导览（61.05%）为主。从服务规模来看，基地年均服务人次一般不足 5000 人次（82.98%）。

6. 发展建议

报告指出，2022 年自然教育事业正发生深刻转型，未来一年中国自然教育的发展仍需要加强基础研究和调查，彻底厘清中国自然教育的"家底"；需要加强标准规范体系建设，促进中国自然教育专业化；此外，还需要加强相关领域协调联动，营造中国自然教育高质量发展的良好生态。报告建议，应当均衡区域分布，优化城乡布局，提高自然教育机构在全国的覆盖率；应当提升经营质量，建立不同机构的伙伴关系，向特色联盟方向发展；应当优化人才结构，促进自然教育行业产、学、研、用一体化体系建设；应当完善政策体系，提供充分有效的自然教育行业政策支撑。此外，报告还对自然教育的重要相关部门和主体提出了一些具体行动建议。

三、不足和局限性

由于时间、资金和人员方面的不足，本报告所开展的调查研究仍然存在诸多局限性。报告所涉及的调查研究已在可能范围内尽力保证样本典型性和代表性，但从整体来看仍然存在系统偏差较大的问题。总体来看，调查的样本框还不够充分，部分调查的样本量较小，样本代表性还需进一步加强。由于本底数据缺乏，报告采取了多种方法来估算样本总体，但测算的精确度还需进一步提高，抽样方法和工具还需进一步完善。

目 录

摘 要

第一章 综 述 1

    第一节 背 景 1

    第二节 研究目标与方法 6

第二章 自然教育从事主体 9

    第一节 自然教育行业发展 9

    第二节 自然教育机构特征 22

第三章 自然教育服务对象 35

第四章 专题研究——自然教育基地（学校）............................... 55

    第一节 调查设计及实施 55

    第二节 调查结果及分析 56

第五章 发现和建议 75

    第一节 调查发现 75

第二节　自然教育行业发展态势 ……………………………………… 81

　　第三节　政策和行动建议 …………………………………………… 84

参考文献 ……………………………………………………………………… 91

附录一：自然教育机构特征调研问卷 ………………………………………… 93

附录二：自然教育服务对象：公众调研问卷 ………………………………… 103

附录三：自然教育基地（学校）调研问卷 …………………………………… 117

附录四：融合·共享新时代自然教育的新启航
　　　　——2022 中国自然教育大会北京宣言 ……………………………… 129

附录五：在 2022 中国自然教育大会的讲话 ………………………………… 133

后　记 ……………………………………………………………………… 137

第一章
综　述

第一节　背　景

2022 年是加速实现可持续发展目标的关键一年。新冠疫情仍在全球蔓延，人类社会的发展方向在充满不确定性的国际局势中变得更加复杂。正如联合国大会所指出的那样，世界正处于关键的"分水岭"时刻，我们需要运用包括教育在内的各种变革性方案来应对相互交织的挑战，确保人类和地球的福祉。由此可以看出，以数字化转型加速、高风险社会显现、变动性时代来临等为特征的宏观时代背景形成了自然教育需要顺应的时代潮流，以应对气候变化走向中心、社会情感学习愈加重要、生态正义目标更为强化为特征的国际教育动态展现了自然教育需要关切的未来方向。

（1）数字化转型加速

当前，我们正处于从工业经济向数字经济加速转型和变革的时代，数字化转型创造出新的供需关系和交换生态系统，带来经济和社会生产关系、生产方式的本质变革，对企业运营、政府治理和居民生活等方面产生深远影响，进而对经济体系和结构产生渗透和重塑作用，甚至引发国际经济格局的调整（马名杰等，2019）。数字化转型对经济社会的影响主要表现在从规模效应到网络效应的转变，从有形资产到无形资产的转变，从价值链到价值网络的转变等方面，人类正在加速进入一个人工智能技术飞速发展和以数据为中心的数字化时代，数字化转型已经成为重要的时代特征（许宪春等，2021）。

（2）高风险社会显现

高风险是当下人类社会或时代的本质特征。"高风险社会"表征的是自然和社会以及人与自然关系处于高风险状态，即面临的风险种类繁多、数量巨大、结构复杂、后果严重。种种迹象表明，当下全球已迈进高风险社会，进入 21 世纪，世界范围内自然环境恶化，气候变化、物种减少、资源枯竭等问题日益凸显，自然灾害加剧，自然或环境风险不断增加；随着网络化、数据化和智能化时代的来临，包括网络安全在内的各种新安全威胁和风险随之增加，非传统领域的公共安全风险挑战加大；新冠疫情、区域性冲突、粮食与能源短缺以及极端天气事件等不稳定因素给全世界数十亿人带来灾难性的经济及社会影响，世界将发生更多的贫困和不公平，发展困境与社会鸿沟扩大；风险叠加使世界进入新的动荡不安以及失序状态，面临更为严峻的全球性挑战，从疾病到气候变化，再到新技术和金融危机带来的危害，系统性风险及危机趋势增强。

（3）变动性时代来临

"乌卡时代"（VUCA）是用来刻画当今时代特征的流行语。"乌卡时代"是指我们正处于一个不稳定性（volatile）、不确定性（uncertain）、复杂性（complex）、模糊性（ambiguous）共存的世界。这一特殊时期的到来不仅威胁着人类生存环境，而且给城市文明、社会可持续发展带来巨大挑战。在此背景下，组织和个人都需要更加灵活、适应性强，并能够快速响应变化（欧朝敏，2022）。与之相关，巴尼时代（BANI）则是一个相对较新的概念，强调当前人类社会的脆弱性、非线性和不可预知性，以及人们对未来的焦虑和不安（DE GODOY，2021）。进入巴尼时代，人类面临的挑战更加复杂和难以预测，需要更加深入精准地予以理解及应对。当乌卡时代和巴尼时代交织叠加在一起，意味着我们面临双重挑战与更大的不确定性，不仅需要应对外部环境的变化，还需要处理内部的焦虑和不安，应对决策、规划和执行都需要更加审慎、周密，同时也需要培养更强的韧性及应变能力。

（4）应对气候变化走向中心

从温室效应到全球变暖，气候变化已经成为全球性的热门话题。气候变化教育也进而成为应对气候变化的重要领域。气候变化教育强调知识、态度和行为的变化，旨在帮助学习者理解当今全球变暖带来的影响，同时鼓励他们改变环境保护态度和行为，为更可持续发展的未来努力。1992 年以来，气候变化教育逐渐成为世界各国应对气候变化的重要举措，并且作为实现联合国可持续发展目标"SDGs"（Sustainable Developmet Goals）中的教育目标，即 SDGs 第 4 项（确保包容、公平的优质教育，促进全民享有终生学习的机会）的一项监测指标。从联合国教科文组织在 2022 年发布的《全球教育监测报告》来看，气候变化已经成为衡量教育质量的一项重要内容。许多国家已在理论和实践方面都将气候变化教育纳入其课程大纲，并采用以解决问题为导向的参与性方法，使学习者有能力成为变革的推动者。

（5）社会情感学习愈加重要

近年来，随着社会高速发展逐步实现现代化，青少年危机事件频繁发生。尽管国家越来越重视青少年心理健康问题，然而，当下的教育，仍然过多地关注学生的知识学习和智力发展，忽视情感关照、情感教育等非智力因素的发展，中小学生面临社会情感发展和心理健康成长方面的诸多问题。当前，这些情绪、情感问题不能得到及时、有效地解决，成为诸多学校危机事件的重要影响因素。当今时代，各国教育者逐渐认识到，偏重认知训练而忽略对学生自信、自尊、与他人友好相处等促进个人发展、适应社会与人际交流的必备关键品质的培养，不利于学生的长远发展。社会情感能力可以有效预测个体身体健康状态、物质依赖、总体幸福感和人际关系，并且对青少学生学业成绩、师生关系和课堂氛围也有重要影响，为学生获得更多的积极社会行为和更优异的成绩表现，更少的问题行为和情感压力，以及学业上的进步等提供了基础，是减少校园霸凌、减少学生消极行为、构建团结友善的人际关系、提高教育质量的重要决定性因素，对个体社会发展和积极成长具有至关重要的作用。

（6）生态正义目标更为强化

2020年11月，联合国教科文组织发布的《学会融入世界：为了未来生存的教育》（Learning to Become with the World：Education for Future Survival）呼吁将未来教育的目标从"人道主义"嬗变为"生态正义"。2022年，联合国教科文组织出台的《一起重构我们的未来：为教育打造一种新的社会契约》（Reimagining Our Futures Together：A New Social Contract for Education）更是指出未来的教育需要从多方面重构"社会契约"，新社会契约必须调节一对新关系，即人与自然的关系，改变人类对地球无节制的控制、占有、消耗和破坏，转向人与自然的和谐共生，进而建立人与自然的生命共同体。展望2050年，教育未来变革方向在于全世界共同努力"打造面向教育的新社会契约"，创造休戚与共且相互依存的未来。而中国近年来大力推进的"构建人类命运共同体"、可持续发展战略、生态文明等基于人类视角、生态视角和技术视角的多方面教育改革主张已成为我国未来教育发展的重要目标。

2022年是中国共产党的二十大胜利召开之年，是为未来规划蓝图的关键之年，也是

"十四五"规划落地实施关键之年。在这承前启后、继往开来的一年中,人们深刻地感受到,中国生态文明建设进入了促进经济社会发展全面绿色转型、实现生态环境质量改善由量变到质变的关键时期。可以看到,以美丽中国迈出坚实步伐、高质量发展表现坚韧潜力、中国式现代化踏上坚定征程为特征的社会经济发展构建了自然教育高质量发展的现实基础,生态文明建设政策凸显新格局、教育改革发展政策展现新走向、部分关联性政策形成新热点则提供了自然教育高质量发展的重要机遇。

(1) 美丽中国建设迈出坚实步伐

2022 年是我国推动减污降碳协同增效、促进经济社会发展全面绿色转型、实现生态环境质量改善由量变到质变的关键一年,距离人与自然和谐共生的目标更进一步(李禾,2022)。综合来看,在美丽中国建设中建设人海和谐美丽海湾,海洋生态环境保护按"时间表""路线图"逐项推进;污染防治攻坚战向纵深推进,新污染物治理成为"十四五"生态环保工作重点;水土流失面积、强度"双下降",浊水荒山蜕变成绿水青山;科技支撑实现"双碳"目标,建立更加完善的绿色低碳科技创新体系;我国碳捕集、利用与封存(CCUS)产业进入商业化运营,现有规划和运行中的 CCUS 项目数量近 100 个;确立江河战略永葆"母亲河"活力,推动长江经济带、黄河流域生态保护和高质量发展;中国为守护"地球之肾"贡献智慧,"武汉宣言"凝聚各方共识,加强全球湿地保护;各方团结应对气候变化,迈出落实《巴黎协定》第一步;全球生物多样性治理有了新蓝图,即保护 30% 的陆地和海洋,实现人与自然和谐共生;外来入侵物种"黑名单"发布,强化源头预防、综合治理、联防联控,提升防治水平等方面均取得了阶段性成果,迈出了重大步伐。

(2) 高质量发展表现坚韧潜力

2022 年是党和国家历史上极为重要的一年。国际环境风高浪急,国内改革发展稳定任务艰巨繁重,党的二十大胜利召开吹响了奋进新征程的时代号角(吴秋余和王浩,2023)。以习近平同志为核心的党中央团结带领全党全国各族人民迎难而上、砥砺前行,统筹国内、国际两个大局,统筹疫情防控和经济社会发展,统筹发展和安全,加大宏观调控力度,应对超预期因素冲击,保持了经济社会大局稳定。概括而言,2022 年的中国经济增长率符合预期,经济总量稳居世界第二位;内需总量规模继续扩大,消费和投资稳步复苏;中国外贸大盘基本稳住,稳经济一揽子政策效应持续释放;研发投入持续增长,创新驱动战略深入实施;就业人数再攀新高,保障和改善民生成效显著等(周跃辉,2023),中国社会经济发展领域呈现坚韧潜力。

（3）中国式现代化踏上坚定征程

2022年，新冠疫情进入第三个年头，深刻演变成一场全球性危机，深入作用于世界历史发展的进程、经济全球化进程和世界多极化进程。在诸多危机中，国际格局朝向多极化秩序变革的动力势不可当的同时，大国关系校准航向、全球化潮流再涌、多边合作生机勃勃。2022年年初，全世界聚焦北京，奥运圣火下，"一起向未来"的启示寓意隽永。虽然世界在各类问题中会出现分歧，但人类发展依旧要靠寻找价值的共同点、利益的公约数、发展的新路径。金秋十月，全世界再次聚焦北京，在党的二十大的响亮声音中，思考国家发展、时代发展、世界发展的金钥匙。中国式现代化为世界展示新启迪，构建人类命运共同体理念为全球演示新路径，世界发展规律为人类标示方向，中国兼爱则致国际合作走向未来。

（4）生态文明建设政策凸显新格局

2022年，中国生态文明建设进入了以降碳为重点战略方向、推动减污降碳协同增效、促进经济社会发展全面绿色转型、实现生态环境质量改善由量变到质变的关键时期（周跃辉，2023）。污染防治向纵深、精准扩展，新污染物治理被提上议事日程，"先立后破，稳中求进"推进能源转型，推动减污降碳协同增效，为共建地球生命共同体贡献中国力量，唱响新时代黄河保护"大合唱"，以法治力量守护美丽中国，首批国家公园设立一周年取得新进展。这些成绩和案例，凝聚起推进全球生态文明建设的国际合力，集中展现了人类在探索与自然相处之道上的中国智慧、中国方案，引发国际社会共鸣与思考。

（5）教育改革发展政策展现新走向

2022年，党的二十大召开，二十大报告中关于教育的论述，为教育领域工作提供了根本遵循；《中华人民共和国家庭教育法》实施，我国全面开启"依法带娃"时代；《中华人民共和国职业教育法》修订，首次以法律形式明确了职业教育与普通教育具有同等重要地位；《中华人民共和国体育法》修订，把青少年和学校体育置于优先发展的战略地位；新课标出台，构建课程育人新范式……重要教育政策密集出台，涉及教育改革发展的重大问题和社会关心的热点问题。教育、科技、人才一体化发展，构建课程育人的新范式，教育评价改革全面推进，建强基础教育教师队伍，为欠发达地区培养高质量教师，强化未成年人保护，推动"五育"并举，促进学生全面发展，持续深化校外培训治理，营造良好教育生态，职业教育提质培优改革攻坚，加快推进教育数字化等形成了当代中国教育改革发展的十大主题，从中可窥见教育发展脉络与走向（周彩丽，2022）。

（6）部分关联性政策形成新热点

新城镇化和乡村振兴方面，国家发展改革委员会、住房和城乡建设部、国务院妇女儿童工作委员会办公室联合印发了《城市儿童友好空间建设导则（试行）》；科技部、住建部公布了《"十四五"城镇化与城市发展科技创新专项规划》。住房和城乡建设部、共青团中央等17个部门联合印发了《关于开展青年发展型城市建设试点的意见》。科学技术普及和文旅融合方面，国务院发布了《关于新时代进一步加强科学技术普及工作的意见》，自然资源部办公厅和科学技术部办公厅印发了《自然资源科学技术普及"十四五"工作方案》，文化和旅游部等六大部门近日联合印发了《关于推动文化产业赋能乡村振兴的意见》以及《户外运动产业发展规划（2022—2025年）》，文化和旅游部等14个部门于11月印发了《关于推动露营旅游休闲健康有序发展的指导意见》。这些关联性政策文件为自然教育未来发展提供了可能的政策发展空间。

第二节　研究目标与方法

1. 研究目标

（1）明晰自然教育服务主体情况。全面呈现2022年年度自然教育行业发展概况，估测全国自然教育机构总数、了解不同地区自然教育机构分布情况和可能类型、刻画不同类型的自然教育机构特征，并针对自然教育机构的发展提供行动建议和政策建议。

（2）了解自然教育公众需求情况。综合分析自然教育服务对象公众对自然的认知与态度、对自然教育的认知与参与情况，着重梳理中国城市居民对自然教育的意愿与实际行动的关系，探讨其参与自然教育的影响因素及趋势，判断自然教育的市场潜力。

（3）厘清自然教育资源供给情况。重点调研作为自然教育主力军的各种类型自然教育基地开展自然教育的效果、模式、特点，总结国家公园、保护区、自然公园等不同类型的自然保护地开展自然教育的优秀经验，为自然保护地开展自然教育提供有效参考。

2. 研究方法

在既往行业调研的基础上，深圳籁福文化创意有限公司联合中国林学会，结合大专院校的科研实力，对中国自然教育发展情况再次进行研究、调查和分析。以历史研究、文献研究、比较研究、案例研究为主要研究方法，梳理了自然教育的最新相关研究，采用抽样调查的形式，通过对互联网上公开信息进行抽样调查，自然教育行业发展状况调查以在线问卷的形式进行自然教育机构调查。通过抽样调查，采用在线问卷进行了样本量为 2000 分布在 8 个代表性城市的 18 周岁以上的公众市民的调查，进一步了解公众的需求情况。通过方便抽样的形式，调查 188 家以自然保护地为主的自然教育基地（学校），进一步摸清自然教育资源供给情况，呈现自然教育行业现状。

第二章
自然教育从事主体

第一节 自然教育行业发展

一、研究方法

1. 调查目的

通过抽样调查，呈现 2022 年度自然教育行业发展的概况，估测全国自然教育机构的总量，了解不同地区的自然教育机构分布情况和可能类型。

2. 样本描述

本次调查的样本个体为中华人民共和国（不含港澳台地区）境内开展自然教育的主体，包括法人单位和产业活动单位（自然教育机构）。所有符合上述条件的主体即构成样本总体。样本容量依上确定为中华人民共和国（不含港澳台地区）境内合法存续的所有自然教育机构，依据《2021 中国自然教育发展报告》，估算为 4000~20000 家。

"自然教育"是指"在自然中实践的、倡导人与自然和谐关系的教育。它是有专门引导和设计的教育课程或活动，如保护地和公园自然解说/导览，自然笔记、自然观察、自然艺术等"。

"自然教育机构"是指业务范围中含有自然教育相关内容的法人单位和产业活动单位，包括政府部门及其附属机构、商业注册公司及社会组织等。

"合法"是指需进行企业或社会组织或事业单位注册。

"存续"是指企业近一年来经营活动正常，状态为"营业"。

3. 抽样方法

本次调查所有数据均来自互联网上的公开信息，其中，工商信息数据来源于全国企业信用信息公示系统。样本框通过三级筛选确定。

第一级，依据机构所属行业确定。自然教育机构类型包含工商注册机构及民政注册机构两类，通过研究团队专家确定的、在经营范围规范表述系统中显示的、自然教育机构工商注册时可能涉及的所有经营范围，划定样本框。由于2021年之前工商注册未对经营范围规范化，而且事业单位和社会组织等机构的业务范围为根据自身实际业务自主填写，不在经营范围规范表述系统之中。因此，由专家选择10家代表性机构，另行对经营范围/业务范围进行词频分析，选用词频前95%的词语，并将其补充为框定依据。凡符合上述行业标准的机构进入第一样本框。

第二级，依据机构经营活动或业务范围确定。自然教育机构的经营活动性质和业务范围十分多样，没有已知的固定范围。通过研究团队专家讨论，确定当前自然教育机构常见的经营活动或业务范围关键词79个。凡经营活动或业务范围包含上述关键词的第一样本框中的样本，则进入第二样本框。

第三级，依据机构业态描述信息确定。自然教育机构对自身业态的具体描述多种多样，没有固定模式，集中表现在机构工商信息（机构名称、机构简介）、招聘信息（岗位名称、岗位描述）、机构官网信息（网站标题、网站关键词、网站描述）、机构媒体信息（微信和微博自媒体名称）、机构推广信息（新闻标题、推广关键词、推广文案）、机构产品信息（应用名称、品牌名称）和机构知识产权信息（商标名称、专利名称、软件名称、作品名称）等内容中。通过研究团队专家讨论，确定当前自然教育机构常用机构业态描述信息关键词73个。凡上述维度描述信息中包含上述关键词的第二样本框中的样本，则进入最终样本框。

为减少存在的误差，在满足以上三级条件的样本基础上，进行三组平行人工校准，最终确定样本框。

4. 调查实施

在2023年5~7月期间，组织人力按照上述方法开展调查。数据信息服务平台依托广州探迹科技有限公司，所有的企业数据均来自互联网上的公开信息，其中，工商信息数据来源于全国企业信用信息公示系统。数据基于分布式爬虫系统，通过访问公开网络进行数据抓取。

数据公开行为系依据《中华人民共和国民法典》《中华人民共和国个人信息保护法》《政府信息公开条例》《企业信息公示暂行条例》等法律法规、规章的有关规定开展。上述数据所涉及相关信息在公示展示过程中已经对有关个人隐私、企业的商业秘密信息进行隐藏。

最终获得数据 15770 条。

二、地理分布

2022 年自然教育行业调研的 15770 个自然教育机构样本分布在全国各地 31 个省级行政区划单位（不含港澳台地区），自然教育机构数量分布最多的前 10 个省（自治区、直辖市）依次为广东、北京、四川、浙江、江苏、山东、上海、湖北、河南、湖南。其中，广东分布有 2322 家自然教育机构，北京分布有 2313 家自然教育机构，2 个省（直辖市）自然教育机构数量占样本总量的 29.39%（图 2-1、图 2-2）。

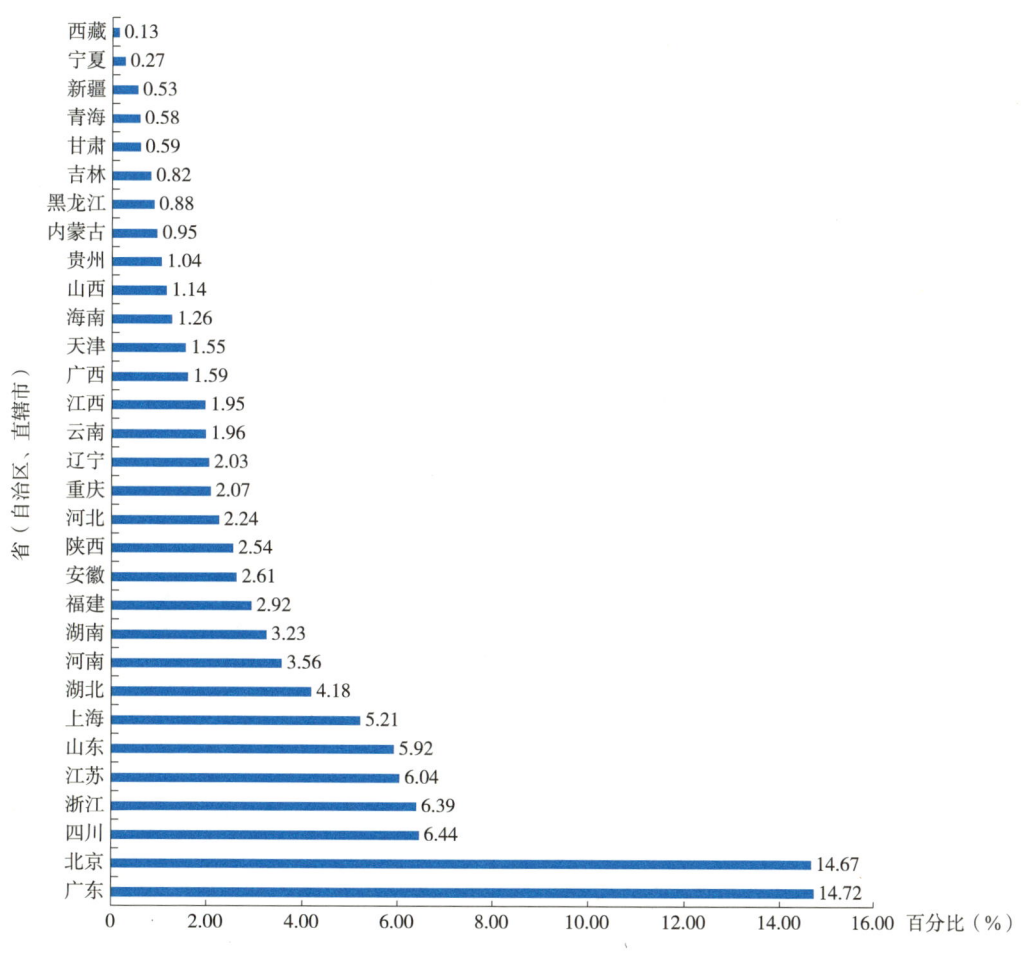

图 2-1　全国自然教育机构所在地分布

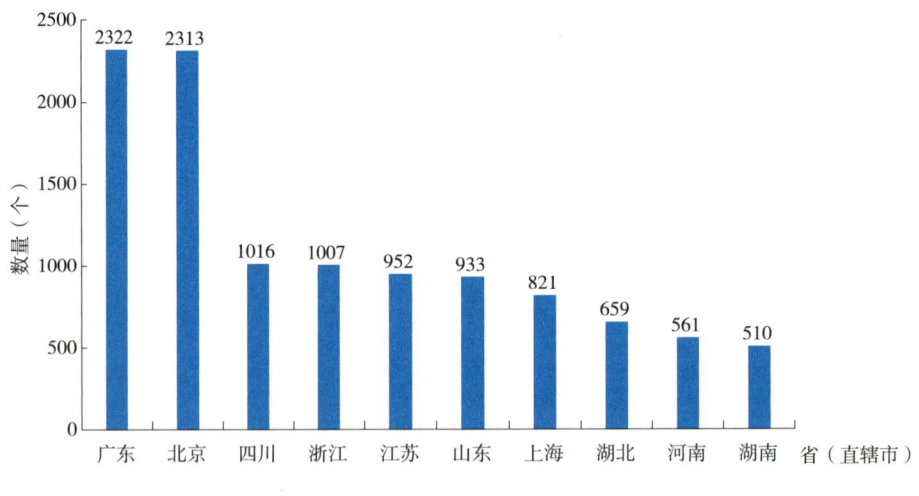

图 2-2　自然教育机构数量分布最多的前 10 个省（直辖市）

从城市分布来看，样本中自然教育机构数量分布超过 500 家的城市依次为：北京，2313 家，占比为 14.67%；深圳，893 家，占比为 5.66%；上海，821 家，占比为 5.21%；广州，764 家，占比为 4.84%；成都，566 家，占比为 3.59%（图 2-3）。

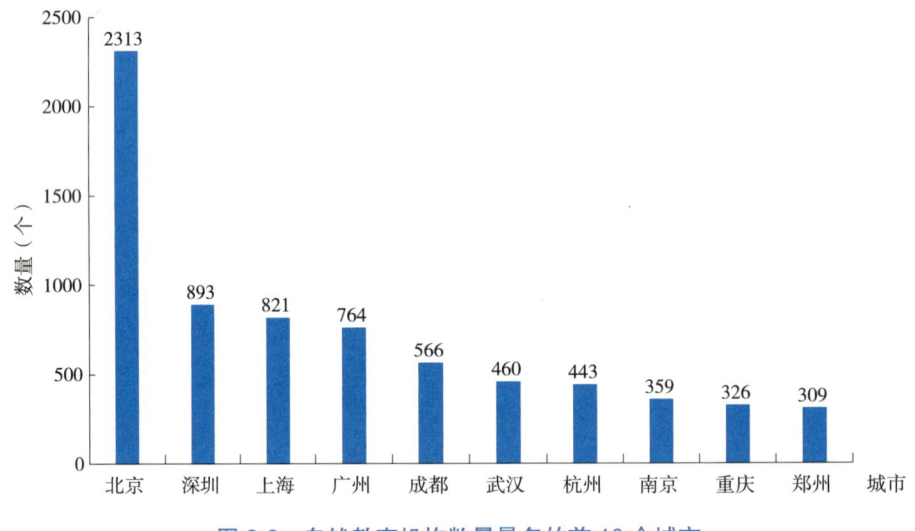

图 2-3　自然教育机构数量最多的前 10 个城市

三、产业属性

从产业分布来看，本次调查的样本仅涉及第一产业（农、林、牧、渔业，不含农、林、牧、渔服务业）与第三产业（服务业）。其中，14828 家自然教育机构均属于第三产业，占比为 94.03%；942 家自然教育机构属于第一产业，占比为 5.97%（图 2-4）。

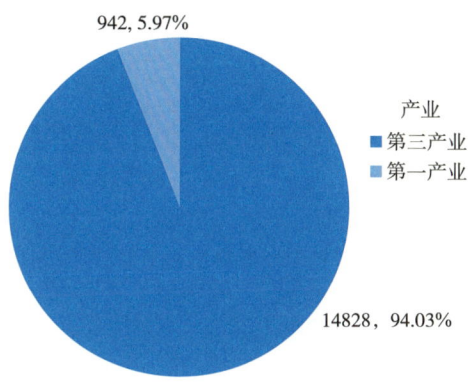

图 2-4　全国自然教育机构产业分布

在第三产业的 14828 家自然教育机构中，有 3080 家为科学研究和技术服务业，占比为 20.77%；3076 家为租赁和商务服务业，占比为 20.74%；有 2281 家为批发和零售业，占比为 15.38%；有 1874 家为文化、体育和娱乐业，占比为 12.64%，有 1418 家为教育业，占比为 9.56%（图 2-5）。

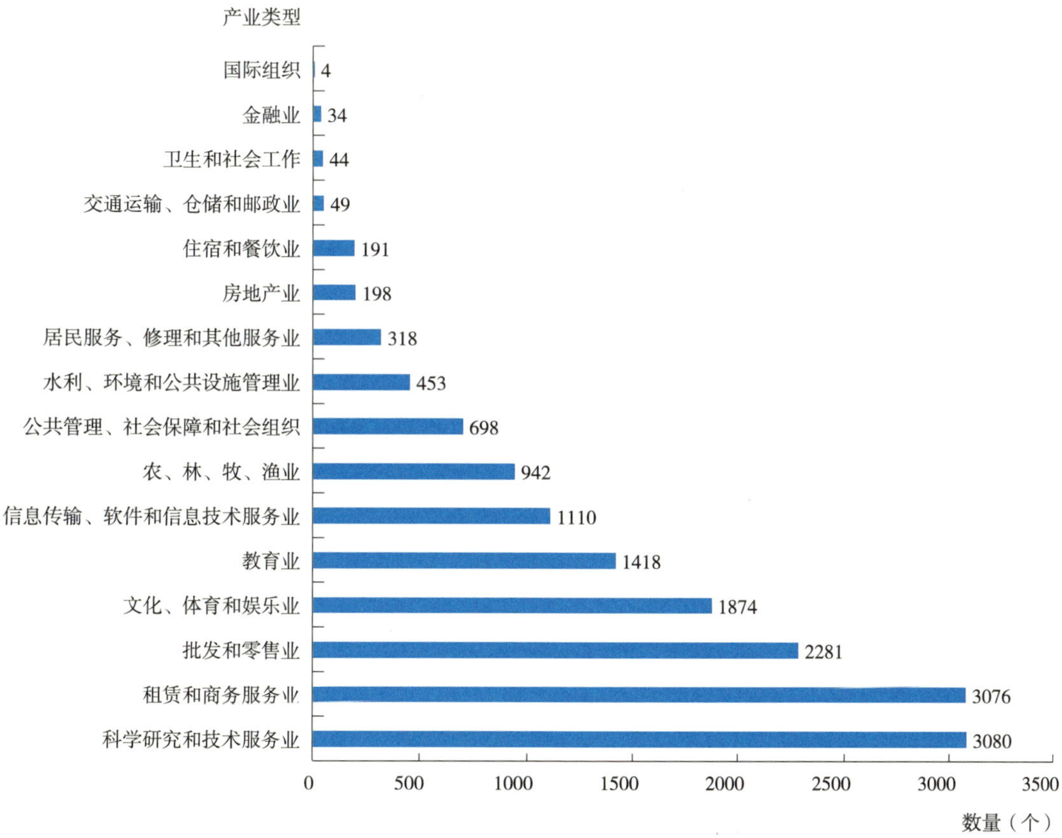

图 2-5　自然教育机构在第三产业的数量分布

样本中，从各省份不同产业的自然教育机构数量分布情况来看，四川的第一产业的自然教育机构数量超过100家，为173家，占第一产业自然教育机构总数的18.37%；广东的第一产业的自然教育机构数量为82家，占第一产业自然教育机构总数的8.70%；山东的第一产业的自然教育机构数量为58家，占第一产业自然教育机构总数的6.16%（表2-1）。

表2-1　第一产业自然教育机构数量前10名的省

序号	省	机构数量（家）	机构数量占比（%）（省份机构数量/全国数量）
1	四川	173	18.37
2	广东	82	8.70
3	山东	58	6.16
4	江苏	49	5.20
5	河南	49	5.20
6	海南	45	4.78
7	陕西	44	4.67
8	浙江	41	4.35
9	湖北	38	4.03
10	湖南	37	3.93

北京的第三产业的自然教育机构数量为2285家，占全国第三产业自然教育机构总数的15.41%；广东的第三产业的自然教育机构数量为2240家，占全国第三产业自然教育机构总数的15.11%；浙江的第三产业的自然教育机构数量为966家，占全国第三产业自然教育机构总数的6.51%（表2-2）。

表2-2　第三产业自然教育机构数量前10名的省（直辖市）

序号	省（直辖市）	机构数量（家）	机构数量占比（%）[省（直辖市）机构数量/全国数量]
1	北京	2285	15.41
2	广东	2240	15.11
3	浙江	966	6.51
4	江苏	903	6.09
5	山东	875	5.90
6	四川	843	5.69
7	上海	813	5.48
8	湖北	621	4.19
9	河南	512	3.45
10	湖南	473	3.19

四、资本属性

样本中，具有机构类型信息的 13423 家自然教育机构数据分析显示，民营主体占比为 92.89%，个体主体占比为 3.64%，两者总占比为 96.53%（表 2-3、图 2-6）。

表 2-3 不同类型的自然教育机构数量

机构类型	数量（家）
民营	12468
个体户	489
国有	246
外资	104
港澳台	72
农资	44
总计	13423

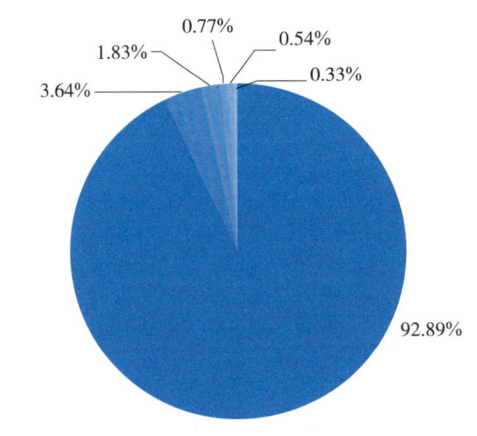

图 2-6 全国自然教育机构的企业类型数量比例

样本中，各省份民营机构的数据分析显示，民营自然教育机构数量占比前 10 的省（自治区、直辖市）依次为江苏（87.92%）、北京（85.99%）、浙江（84.61%）、湖南（83.92%）、广东（83.63%）、山东（83.49%）、湖北（83.31%）、河南（83.07%）、上海（81.97%）、四川（81.79%）（图 2-7）。

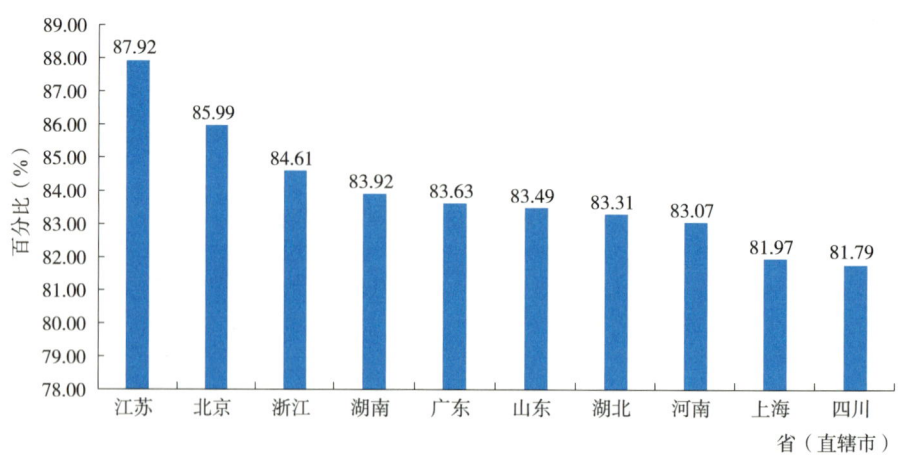

图 2-7　民营自然教育机构数量占比前 10 的省（直辖市）

样本中，各城市民营机构的数据分析显示，民营自然教育机构数量占比前 10 的城市中，郑州（99.26%）、重庆（98.87%）、南京（97.76%）、武汉（97.55%）、广州（96.70%）、杭州（95.58%）、北京（95.38%）的民营自然教育机构数量占比均超过 95%（图 2-8）。

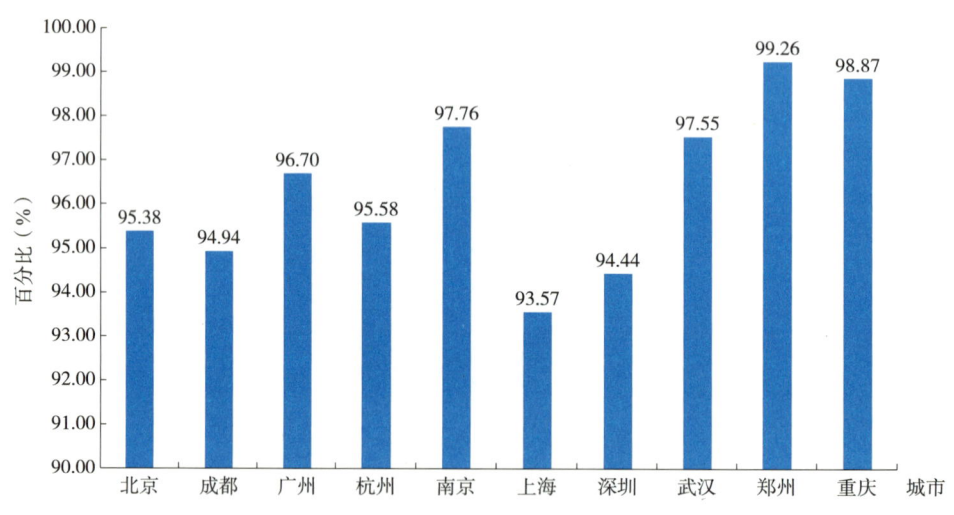

图 2-8　民营自然教育机构数量占比前 10 的城市

五、注册资本和营收

自然教育机构注册资本区间分布中，样本中注册资本 1000 万元以上的自然教育机构占比为 28.03%，注册资本 101 万~200 万元的自然教育机构占比为 19.26%，注册资本为 201 万~500 万元的自然教育机构占比为 12.30%（图 2-9）。

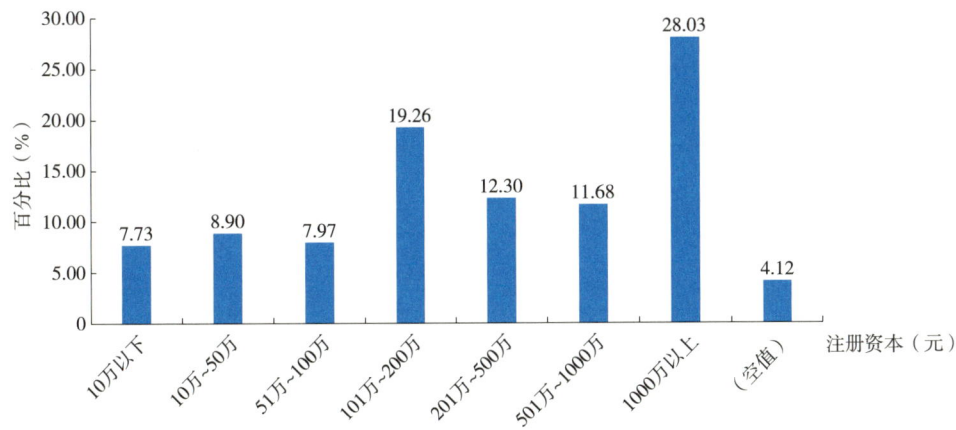

图 2-9　全国自然教育机构注册资本区间分布

样本中，有 13410 家自然教育机构具有年营业额的数据，其中，7196 家年营收为 100 万元以下，占比为 53.66%；2707 家年营收为 100 万~500 万元，占比为 20.19%（图 2-10）。

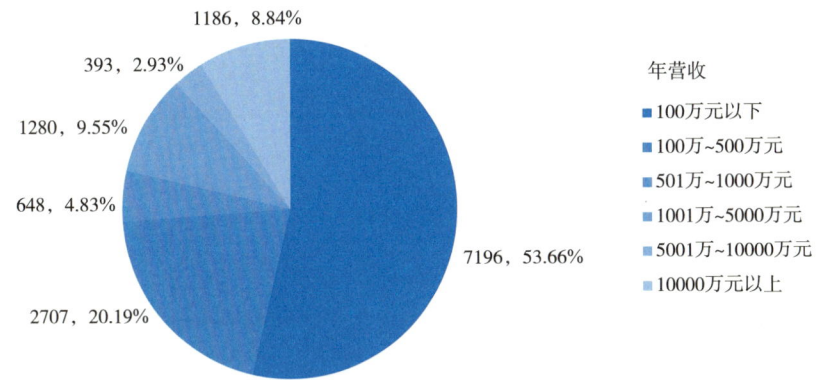

图 2-10　全国不同营收区间自然教育机构数量占比

样本中，50.70% 的民营性质的自然教育机构年营收为 100 万元以下，19.92% 的国有性质的自然教育机构年营收为 100 万元以下，32.93% 的国有性质的自然教育机构年营收为 10000 万元以上（表 2-4）。

表 2-4　不同企业类型年营收区间数量占比

年营业额	民营	国有	港澳台	外资	个体户	农资
100 万元以下	50.70%	19.92%	13.89%	19.23%	无统计数	无统计数
100 万~500 万元	21.29%	10.16%	11.11%	4.81%	无统计数	无统计数

续表

年营业额	民营	国有	港澳台	外资	个体户	农资
501万~1000万元	4.92%	7.32%	5.56%	6.73%	无统计数	无统计数
1001万~5000万元	9.46%	18.29%	12.50%	16.35%	无统计数	无统计数
5001万~10000万元	2.74%	7.32%	8.33%	12.50%	无统计数	无统计数
10000万元以上	7.11%	32.93%	45.83%	38.46%	无统计数	无统计数

六、人员规模

样本中，具有人员规模信息的自然教育机构数据共10593家，其中，9747家规模为1~1000人，占比为92.01%；746家规模为1001~5000人，占比为7.04%；100家规模为5000人以上，占比为0.94%（图2-11）。

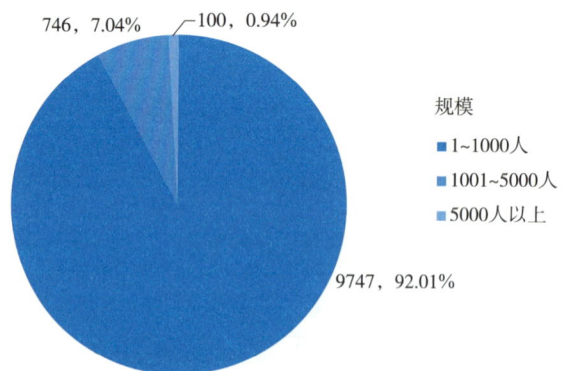

图 2-11　全国不同规模自然教育机构数量及比例

在规模为1000人以下的9747家自然教育机构中，具有较为详细的机构人员规模信息的有7476家，对这些自然教育机构进行进一步分析，结果显示：5530家规模为50人以下，占比为73.97%；1171家规模为101~300人，占比为15.66%；462家规模为51~100人，占比为6.18%（图2-12）。

在具有相关规模数据的样本中（n=13419），1000人以下规模的自然教育机构中民营机构占比为97.20%，规模为1000~5000人的自然教育机构中民营机构占86.48%，规模为5000人以上的自然教育机构中民营机构占比为63.89%。除此之外，规模为1000~5000人的自然教育机构中，国有企业占比为9.06%；规模为5000人以上的自然教育机构中，港澳台机构占比为18.06%（图2-13）。

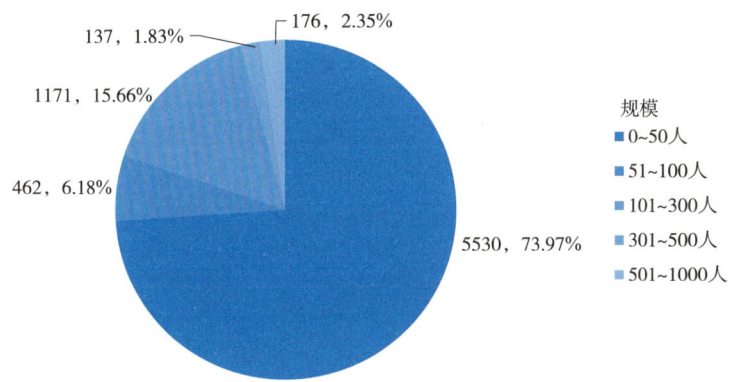

图 2-12　全国规模为 1000 人以下的自然教育机构不同规模分布及比例

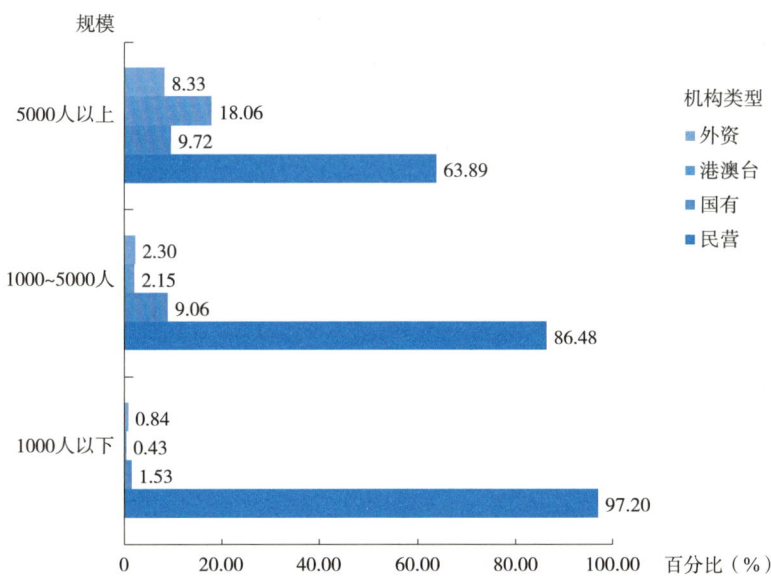

图 2-13　全国不同规模与类型的自然教育机构数量分布及比例

七、机构存续时间和规模变化

样本中，70.07% 的自然教育机构的存续时间为 10 年以下，其中，5761 家存续时间为 6~10 年，占比为 36.53%；5290 家存续时间为 0~5 年，占比为 33.54%。此外，2144 家存续时间为 11~15 年，占比为 13.60%；1201 家存续时间为 16~20 年，占比为 7.62%；650 家存续时间为 21~25 年，占比为 4.12%；204 家存续时间为 26~30 年，占比为 1.29%；460 家存续时间为 30 年以上，占比为 2.92%。另外，还有 60 家工商登记信息中未包含注册时间，占比为 0.38%（图 2-14）。

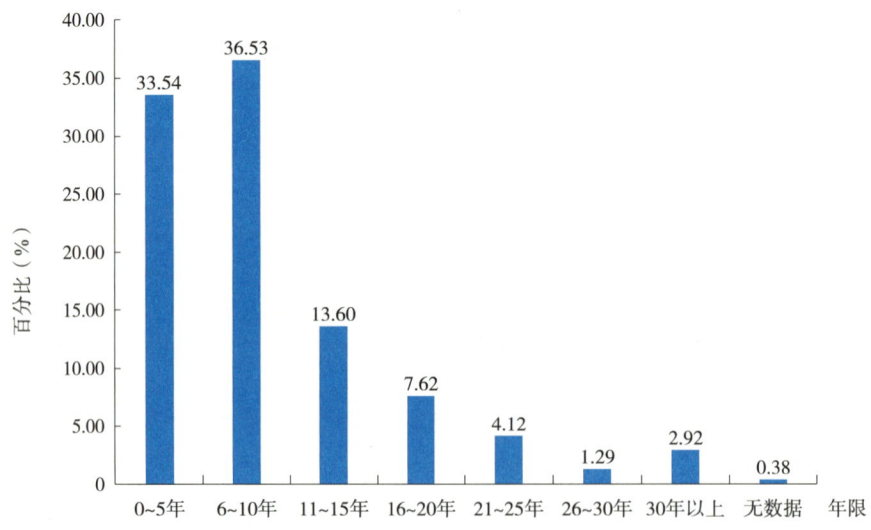

图 2-14　全国不同存续时间自然教育机构数量占比

样本分析显示，自然教育机构数量从 2014 年开始呈现快速增长趋势，2016 年新增机构数量达到顶峰。2019 年后，新增自然教育机构数量开始递减（图 2-15）。

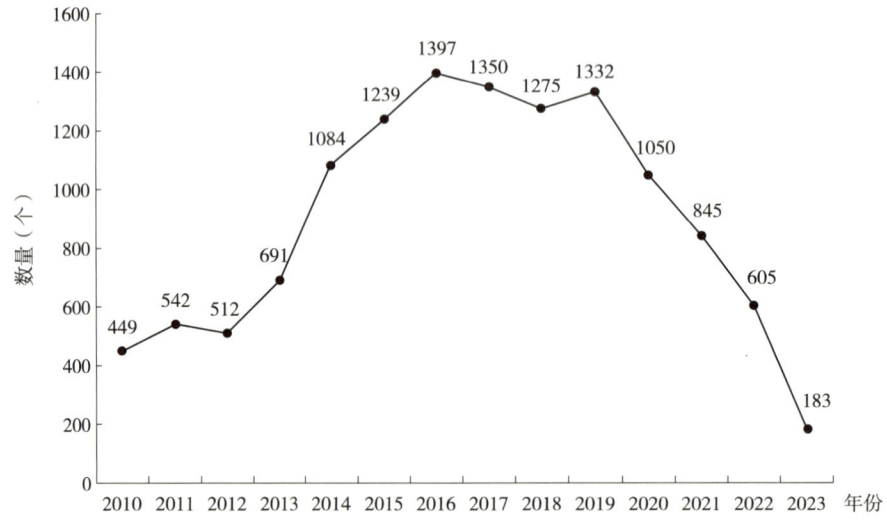

图 2-15　2010 年以来每年新成立的自然教育机构数量趋势

各省份自然教育机构的存续时间分析显示，四川自然教育机构存续时间为 0~5 年的数量为 453 家，占四川自然教育机构总数的 44.59%；山东自然教育机构存续时间为 0~5 年的数量为 371 家，占山东自然教育机构总数的 39.81%；河南自然教育机构存续时间为 0~5 年的数量为 215 家，占河南自然教育机构总数的 38.39%（表 2-5）。

表 2-5　各省（直辖市）不同存续时间区间企业数量占比

存续时间	北京	广东	河南	湖北	湖南	江苏	山东	上海	四川	浙江
0~5 年	14.89%	33.55%	38.39%	36.23%	37.72%	36.08%	39.81%	22.53%	44.59%	34.03%
6~10 年	40.00%	38.39%	42.50%	35.62%	38.90%	34.60%	36.27%	37.39%	33.76%	35.42%
11~15 年	21.00%	13.09%	9.64%	15.83%	12.38%	14.92%	10.52%	17.17%	10.04%	12.44%
16~20 年	12.42%	6.76%	5.36%	7.00%	6.29%	8.25%	7.30%	11.33%	5.31%	7.46%
21~25 年	6.36%	4.67%	1.79%	2.59%	1.57%	2.96%	2.58%	5.12%	2.95%	6.67%
26~30 年	2.29%	1.88%	0.89%	1.37%	1.96%	1.59%	1.39%	3.65%	0.89%	1.19%
30 年以上	3.03%	1.66%	1.43%	1.37%	1.18%	1.59%	2.15%	2.80%	2.46%	2.79%

在 12468 家民营自然教育机构中，37.70% 的自然教育机构存续时间为 6~10 年，34.81% 的自然教育机构存续时间为 0~5 年；在 246 家国有自然教育机构中，13.01% 的自然教育机构存续时间为 6~10 年，8.94% 的自然教育机构存续时间为 0~5 年（图 2-16）。

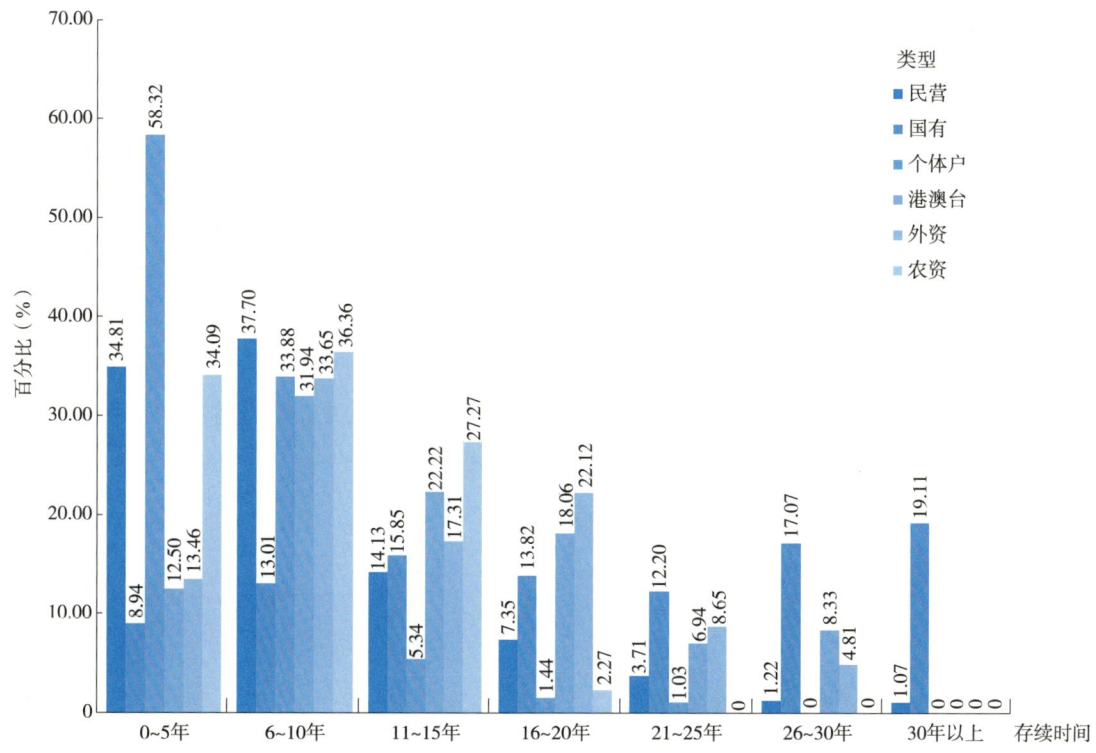

图 2-16　不同存续时间与类型的自然教育机构数量分布及比例

第二节　自然教育机构特征

一、研究方法

1. 调查目的

通过抽样调查，在2022年度自然教育行业发展概况调查的基础上，分析自然教育机构个体特征，了解包括社会团体、基金会、民办非企业、企业、自然保护地等的一般自然教育机构的基本情况、运营管理、业务开展、财务情况等基本维度。

2. 样本描述

本次调研的样本个体为中华人民共和国（不含港澳台地区）境内开展自然教育的主体，包括法人单位和产业活动单位（自然教育机构）。所有符合上述条件的主体即构成样本总体。样本容量依上确定为中华人民共和国（不含港澳台地区）境内合法存续的所有自然教育机构，依据本报告前期调查，估算数量为15770家。

3. 抽样方法和工具

本次调研以方便抽样方法进行，从自然教育行业发展研究小组具有经常联系的自然教育机构中选取愿意参加此次调研的机构作为样本，最终确定样本框为70家。

对于70个样本机构，采用结构化的线上问卷（见附录一）开展调查。问卷使用了2020年自然教育机构的调研问卷进行修订补充，确定《自然教育机构特征调研问卷》为调研问卷的最终版本。

4. 调查实施

在2022年9月8~26日，组织人力按照上述方法开展调查，通过电子邮件、微信等方式，面向70个样本机构定向发送调研问卷，由每个机构（或自然教育相关板块）负责人线上填写，每个机构填写一份，确保问卷结果的代表性。

问卷回答率、回收率和有效率均为100%。

二、基本情况

1. 地理分布（$n=70$）

参与调研的自然教育机构主要分布在广东、福建、四川、湖南、陕西等（图2-17）。

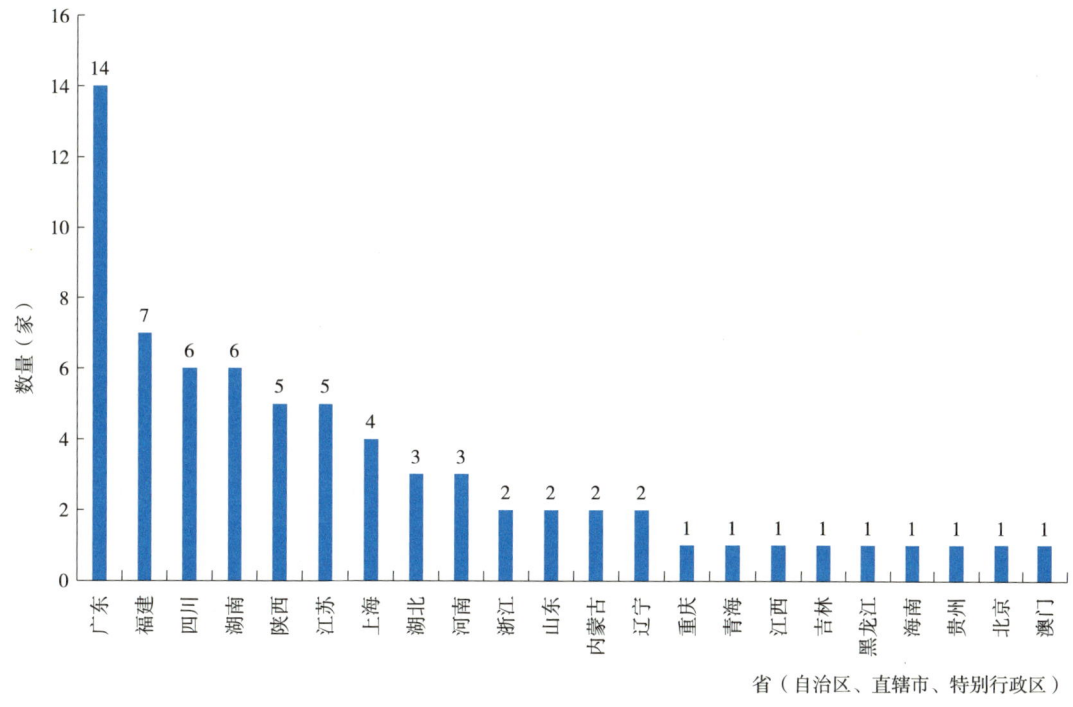

图 2-17 调研机构地理分布

2. 运营年限和机构性质（$n=70$）

参与调研的自然教育机构性质分析显示，70%的参与机构属于工商注册，为主要自然教育机构性质组成部分，17%的自然教育机构为民政注册（图2-18）。

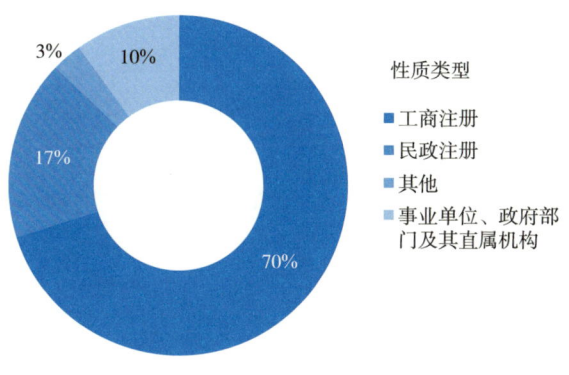

图 2-18 机构性质

参与调研的自然教育机构运营年限分析显示，36%的自然教育机构成立年限为2年内，27%的自然教育机构成立年限为3~5年，37%的自然教育机构成立超过6年（图2-19）。

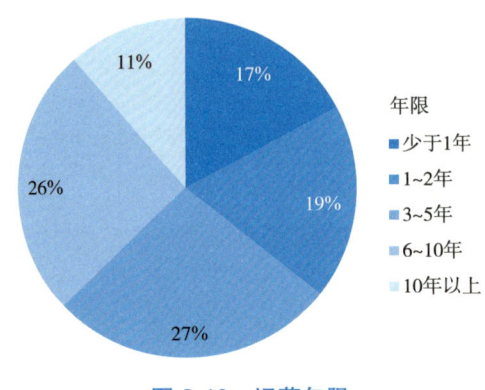

图 2-19 运营年限

三、人员结构

参与调研的自然教育机构人员结构分析显示，46%的自然教育机构全职人数规模为3~5人，31%的自然教育机构兼职人数规模为6~10人，47%的自然教育机构女性职员人数规模为3~5人（图2-20）。

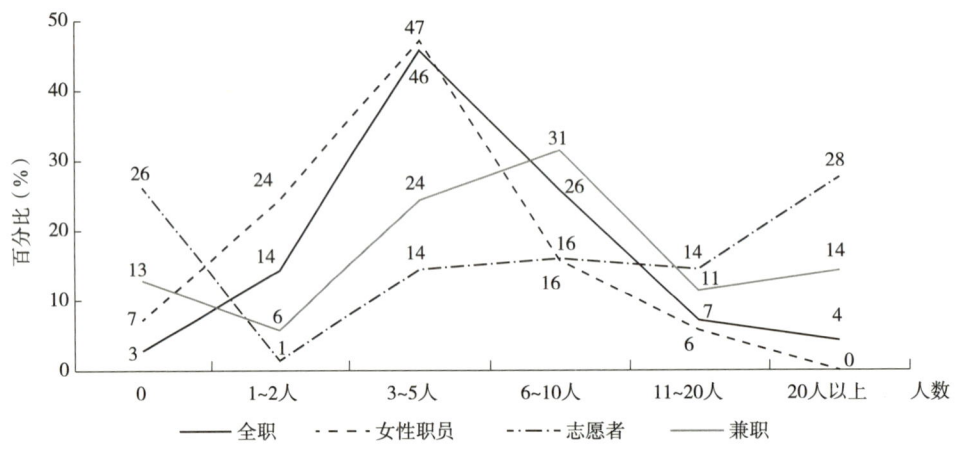

图 2-20 机构人员结构（女性职员、全职、志愿者与兼职人员）

四、业务开展

1. 活动场域类型

参与调研的自然教育机构开展自然教育活动场域选择分析显示，40%的受访机构选择在农场开展，32.86%受访机构选择在自然保护区开展，32.86%的受访机构选择在湿地公园开展；24.29%的受访机构选择其他场地，包括在乡村、景区和营地进行自然教育活动（图2-21）。

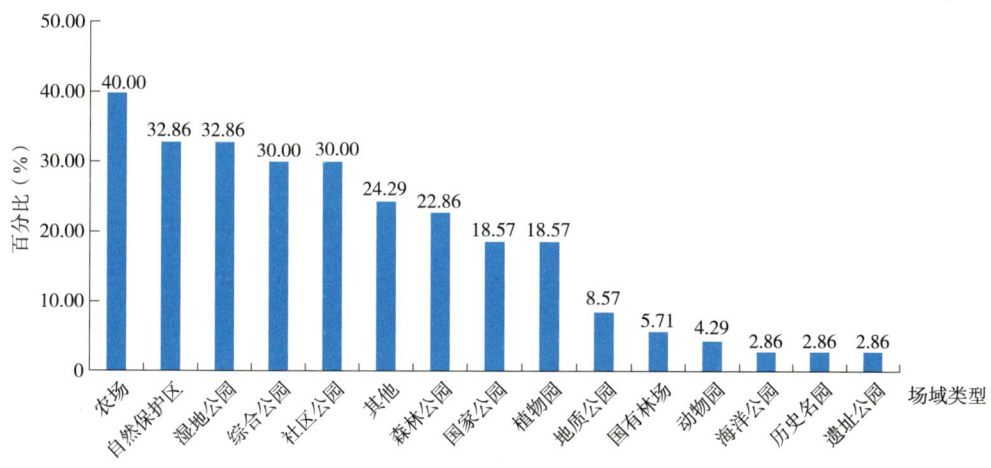

图 2-21　机构活动场地

2. 服务对象类型

参与调研的自然教育机构的服务对象为团体类型客户分析显示，62.86% 为小学学校团体，48.57% 为公众自发的团体。14.29% 的受访机构的具体的团体客户类型为"其他团体客户"，主要为幼儿园团体客户（图 2-22）。

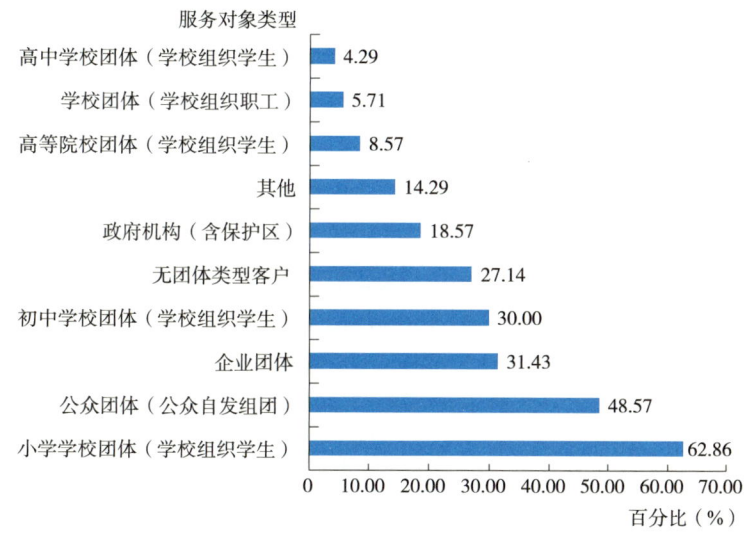

图 2-22　团体客户类型

参与调研的自然教育机构的服务对象为公众个体类型客户分析显示，81.43% 为小学生，70% 为亲子家庭。除此之外，21.43% 与 11.43% 的受访机构的具体的公众个体客户类型分别为成年公众与大学生（图 2-23）。

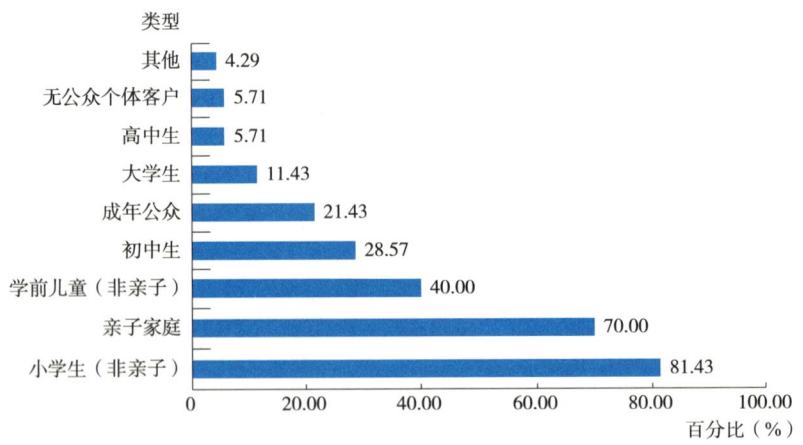

图 2-23　个体客户类型

3. 服务类型

参与调研的自然教育机构所提供的服务类型分析显示，65.71%的受访机构选择提供自然教育活动和进行课程研发，37.14%的受访机构提供会展服务，35.71%的受访机构提供培训与能力建设服务，32.86%的受访机构提供场域运营服务，31.43%的受访机构提供咨询服务，31.43%的受访机构提供传播推广服务，另外有35.71%受访机构承接其他的自然教育项目，包括乡村振兴相关项目、生态保育类型项目、调研项目等（图2-24）。

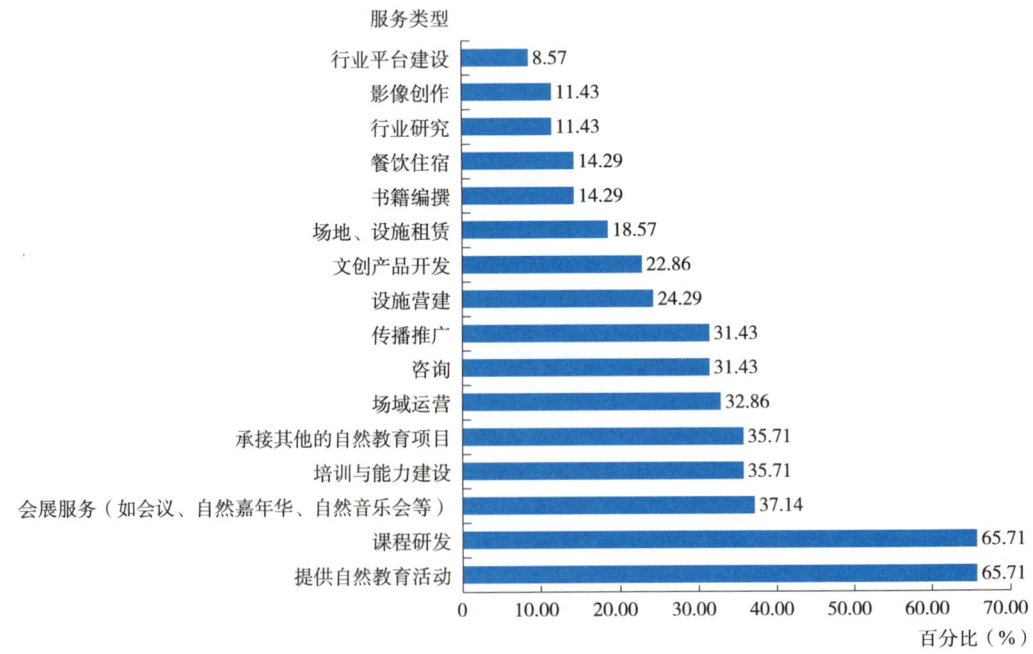

图 2-24　服务类型

4. 服务形式和价格

参与调研的自然教育机构开展自然教育方式的分析显示，77.14% 的受访机构通过自然观察的方式开展自然教育活动；74.29% 的受访机构通过自然科普/讲解的方式开展自然教育活动；采用自然游戏、农耕体验和园艺、户外拓展、保护地或公园自然解说/导览等方式的平均占比在 45.00%，通过阅读和自然疗愈等方式开展自然教育的受访机构占比较往年高，占比分别为 22.86% 和 18.57%（图 2-25）。

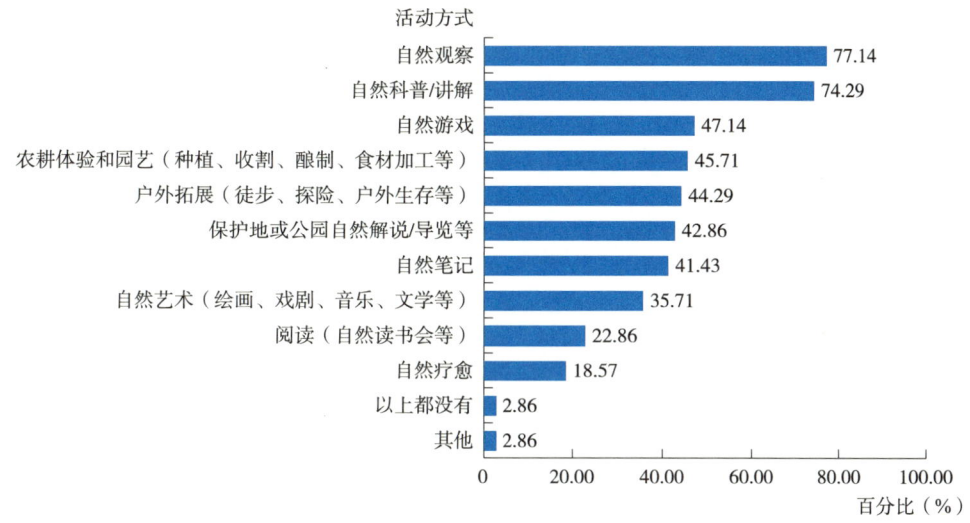

图 2-25　开展自然教育的方式

参与调研的自然教育机构常规课程人均收费标准的分析显示，2022 年 37.14% 的受访机构在常规本地自然教育课程的收费标准为每人每天 100~200 元，31.43% 的受访机构的收费标准在每人每天 100 元以下或免费（图 2-26）。

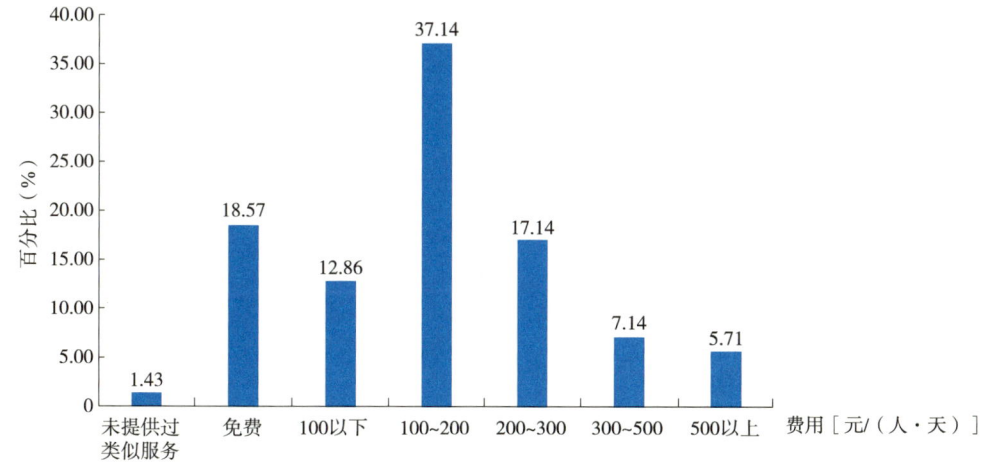

图 2-26　2022 年常规本地自然教育课程的人均费用

5. 年均活动次数和参与人次

参与调研的自然教育机构年均活动次数的分析显示，2020 年，18.57% 的受访机构年均活动次数为 10 次以下，较 2021 年显著降低；51.43% 的受访机构年均活动次数为 10~50 次，较 2021 年有所提升；70% 的受访机构年均活动次数为 0~50 次，较 2021 年有所降低（图 2-27）。

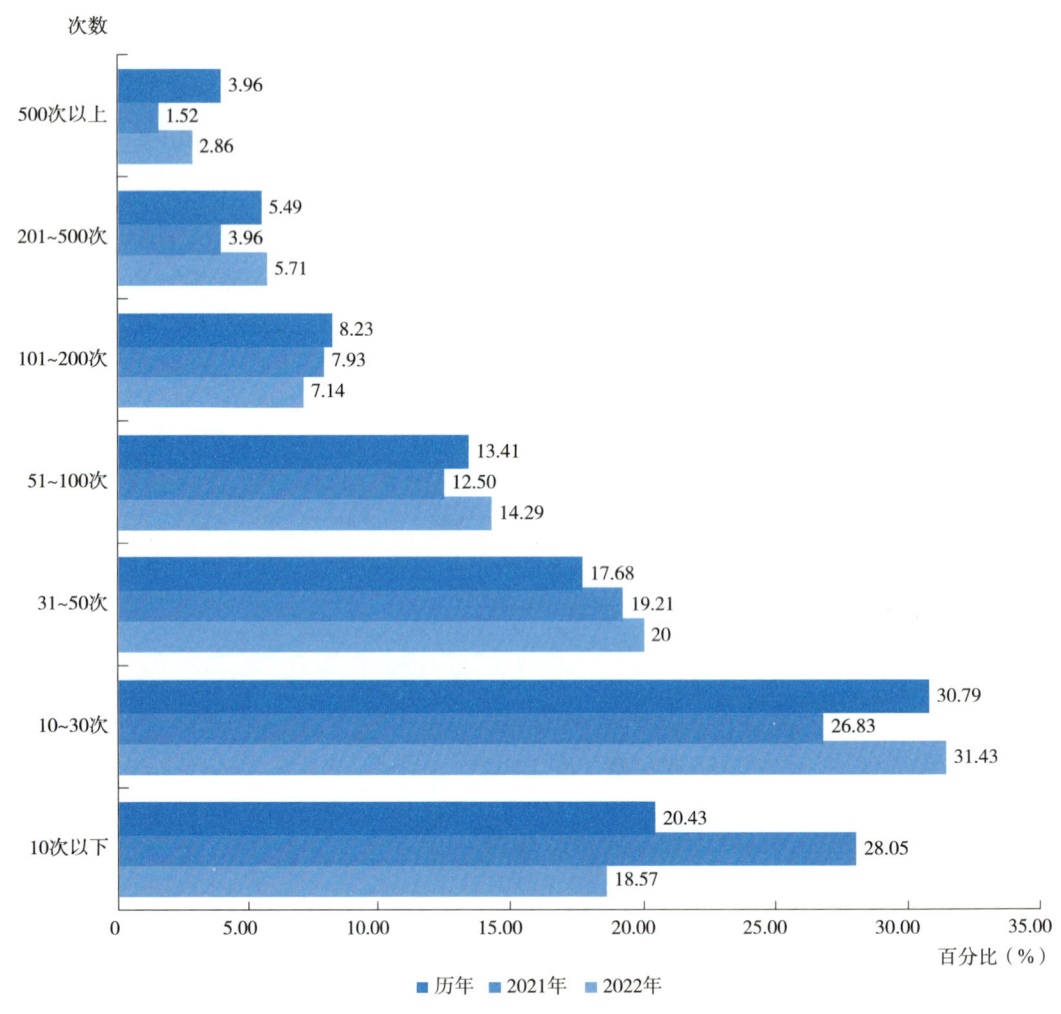

图 2-27　活动开展次数对比

参与调研的自然教育机构参与人次的分析显示，2022 年，35.71% 的受访机构年活动参与人次在 500 人次以下，较 2021 年的 42.68% 明显下降；28.57% 的受访机构年活动参与人次在 500~1000 人次，较 2021 年的 21.95% 有所上升（图 2-28）。

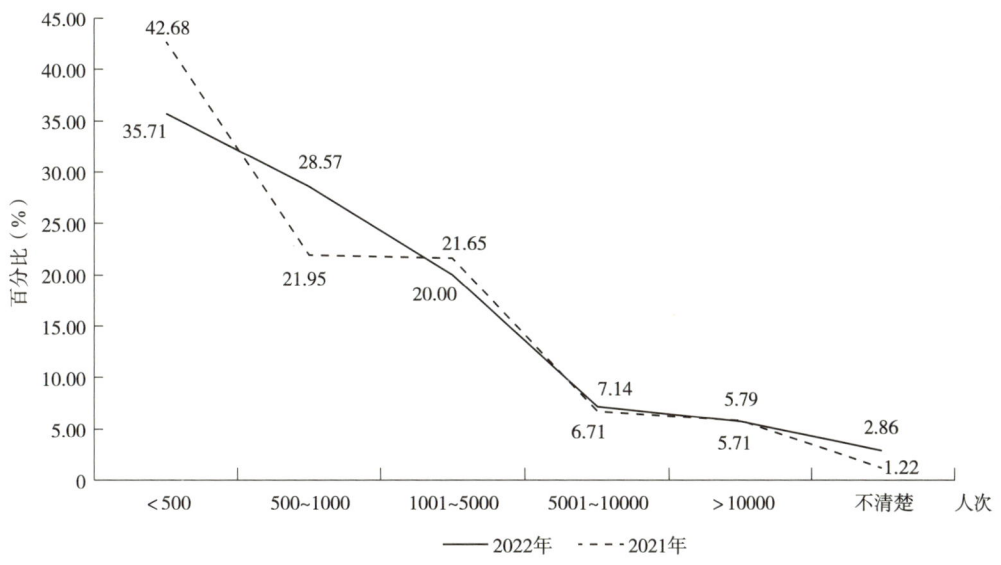

图 2-28　参与活动的人次

6. 客户复购率

参与调研的自然教育机构的顾客复购率的分析显示，有 38.57% 受访机构的顾客复购率在 20%~40%，较 2021 年同比大幅度上升；有 38.57% 受访机构的顾客复购率少于 20%，与 2021 年同比相似；有 11.43% 受访机构的顾客复购率为 41%~60%，有 8.57% 的受访机构的顾客复购率多于 60%。高复购率的比例也明显下降（图 2-29）。

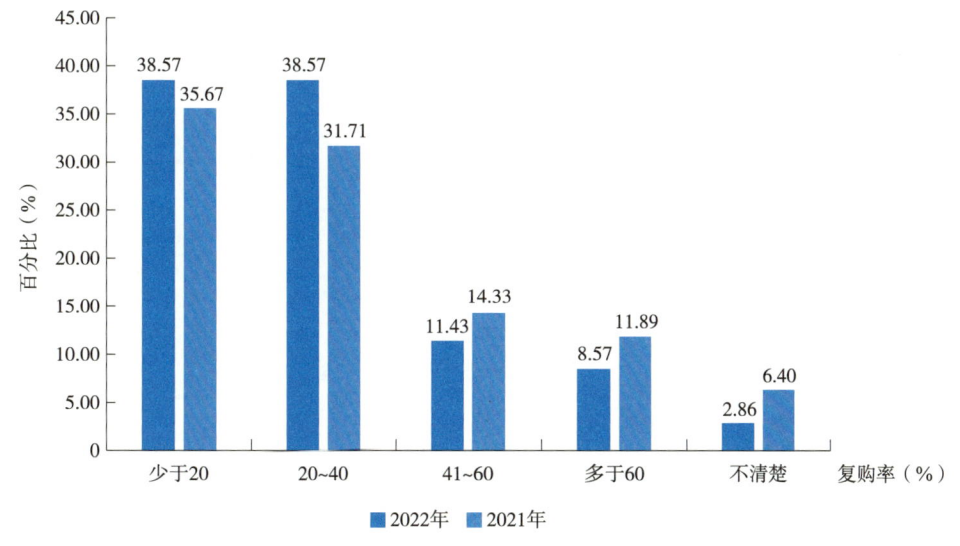

图 2-29　顾客复购率的对比

五、财务状况

1. 运营成本

参与调研的自然教育机构的运营成本的分析显示，41.43%的受访机构在自然教育方面的支出在10万元以下，75.72%的受访机构在自然教育方面的支出在50万元以内。与2021年、2020年情况类似，自然教育支出峰值均为10万元以下（图2-30）。

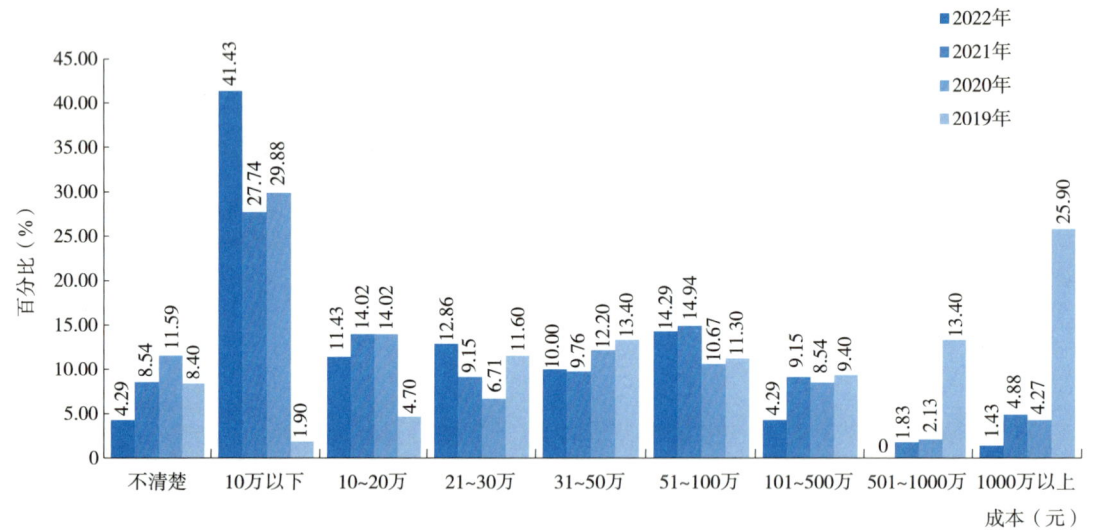

图 2-30　运营成本

参与调研的自然教育机构的支出项目的分析显示，70.00%的受访机构主要支出用于教育人员聘请，有64.29%的受访机构主要支出用于活动运营。除此之外，有58.57%的受访机构主要支出用于课程开发（图2-31）。

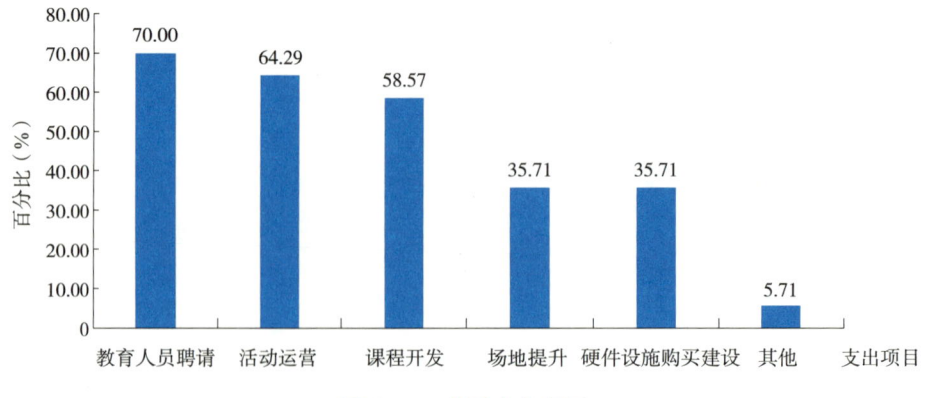

图 2-31　主要支出项目

2. 资金主要来源与盈亏

参与调研的自然教育机构的收入来源的分析显示，74.29%的受访机构的主要收入来源为自然教育活动；22.86%的受访机构的主要收入来源分别是提供其他服务和财政拨款，其他服务包括建设、设计及基地运营等方面（图2-32）。

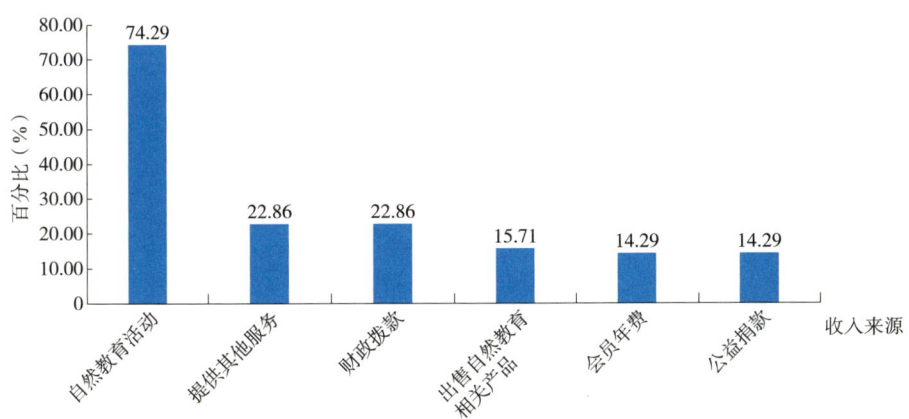

图2-32　2022年机构主要收入来源

参与调研的自然教育机构的盈亏状况的分析显示，58.58%的受访机构处于盈利或盈亏平衡状态，其中，8.57%的受访机构盈利在30%以上，24.29%的受访机构盈利在10%~30%，4.29%的受访机构盈利在10%以下，21.43%的受访机构盈亏平衡，整体比2021年与2020年的盈利情况均大幅增加。有17.14%的受访机构处于亏损状态，24.28%的受访机构表示不清楚今年盈利状况或不适用于其机构情况（图2-33、图2-34）。

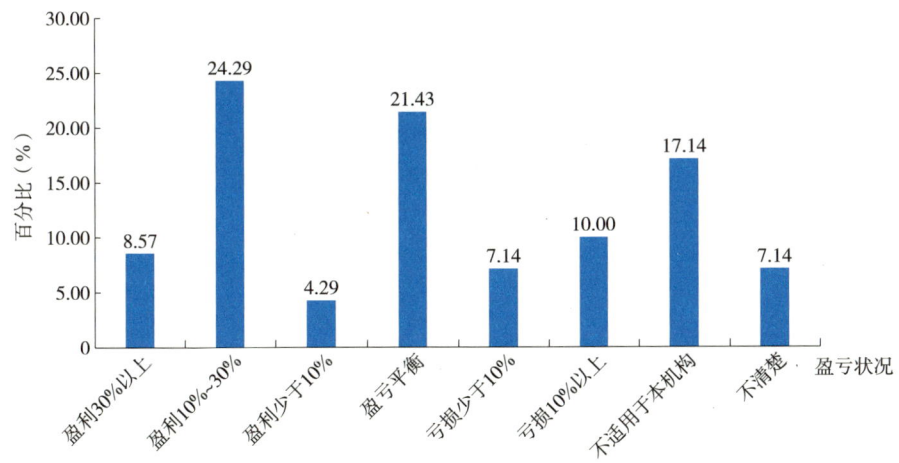

图2-33　2022年机构盈亏状况

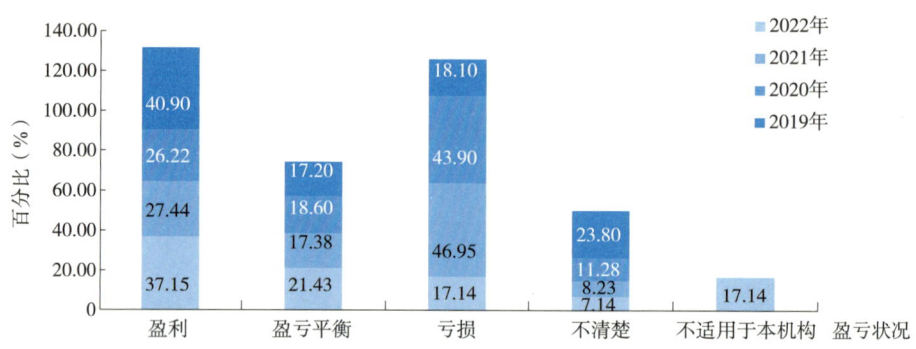

图 2-34　机构盈亏状况对比

六、挑战与应对计划

1. 机构面临的挑战

参与调研的自然教育机构面临的挑战的分析显示，64.29% 的受访机构面临着缺乏人才的挑战，它是 21.43% 的受访机构所面临的首要挑战（图 2-35）。此外，37.14% 的自然教育机构所面临的首要挑战是缺乏经费。

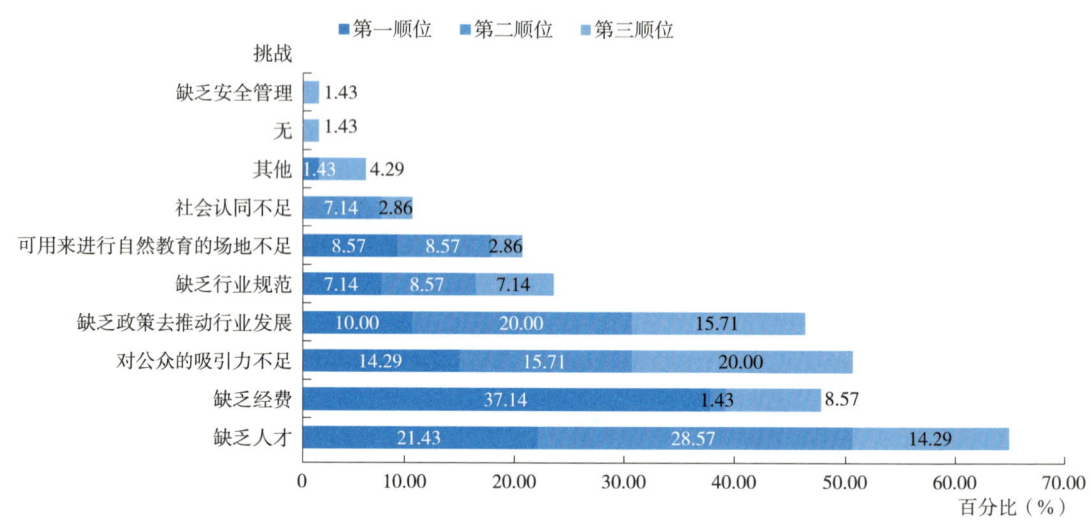

图 2-35　机构正面临的挑战

2. 未来一年工作计划

参与调研的自然教育机构未来一年工作计划的分析显示，受访机构的工作倾向排名第一的是研发课程、建立课程体系，再者是提高团队在自然教育专业的商业能力，接着是市场开拓（图 2-36）。

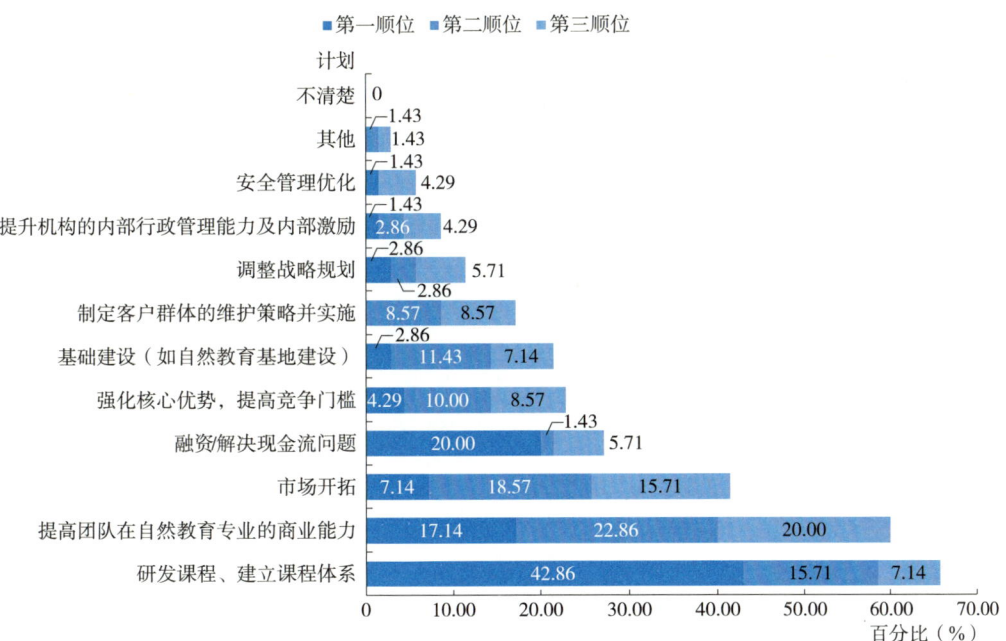

图 2-36　机构未来一年工作计划

第三章
自然教育服务对象

一、研究方法

1. 调查目的

通过抽样调查，综合分析自然教育服务对象对自然的认知与态度、对自然教育的认知与参与，探讨其参与自然教育的影响因素及趋势，以判断自然教育的市场潜力。

2. 样本描述

本次调查的样本个体为中华人民共和国（不含港澳台地区）境内18周岁以上、在本地居住或者预期居住半年以上的具有完全行为能力的自然人。所有符合上述条件的主体即构成样本总体。依据第七次全国人口普查（2020年）结果，样本容量约为9.41亿人。

3. 抽样方法和工具

本次调查采用目的性抽样方法，依往年经验确定样本总量为2000个。

首先，确定样本地区，依经验选择中国8个代表性城市作为样本地区。其中4个一线城市（或国家级中心城市），4个二线城市（或区域级中心城市）。其次，按照各城市人口比例（北京∶上海∶广州∶深圳∶成都∶厦门∶杭州∶武汉约为17∶18∶14∶13∶16∶4∶9∶9）分配样本比例（表3-1）。

调研主要采用结构化的线上问卷（见附录二）形式。问卷为线上定量发放，根据消费者行为理论基础，按照可能的维度制定调研问卷。问卷参考了2021年自然教育对象调研问卷进行修订补充，确定调查问卷最终版本为《自然教育服务对象：公众调研问卷》。

表 3-1 样本城市

样本城市		人口（万人）*	基本特征	样本量（个）
一线城市（国家级中心城市）	北京	2189.31	首都；华北巨型城市	340
	上海	2487.09	中国第一大城市；华东巨型城市	360
	广州	1887.06	广东省会；华南巨型城市	280
	深圳	1767.38	中国第一个经济特区；华南巨型城市	260
二线城市（区域级中心城市）	成都	2093.78	四川省会；西南巨型城市	320
	厦门	516.40	中国东南沿海中心城市	80
	杭州	1220.40	浙江省会；华东巨型城市	180
	武汉	1232.65	湖北省会；华中巨型城市	180

注：*2021年人口数据。

4. 调查实施

在2023年6月，组织人力按照上述方法开展调查。问卷获取通过问卷星的样本服务，基于其庞大且活跃的数据库（620万余的注册会员，每日日活1000万，每月可触达3亿用户）进行问卷的投放，并设置样本要求如下。

年龄比例：均衡18~25岁、26~30岁、31~40岁、41~45岁、46岁~50岁、50岁以上人群，且各年龄段比例在总数据中均不超过30%。

样本数量：北京（340）、广州（280）、上海（360）、深圳（260）、杭州（180）、武汉（180）、厦门（80）、成都（320）。

性别比例：男：女性别比例不超过4：6。

问卷发放从2023年6月12日启动，截至2023年6月27日，共收集问卷3136份，有效问卷2118份，有效率为67.54%。各城市及其有效问卷数量分别为北京（$n=351$）、上海（$n=374$）、广州（$n=291$）、深圳（$n=297$）、成都（$n=344$）、厦门（$n=83$）、杭州（$n=198$）、武汉（$n=180$）。

二、基本特征

1. 地理分布

本次调研样本总量为 n=2118，具体如图 3-1 所示。

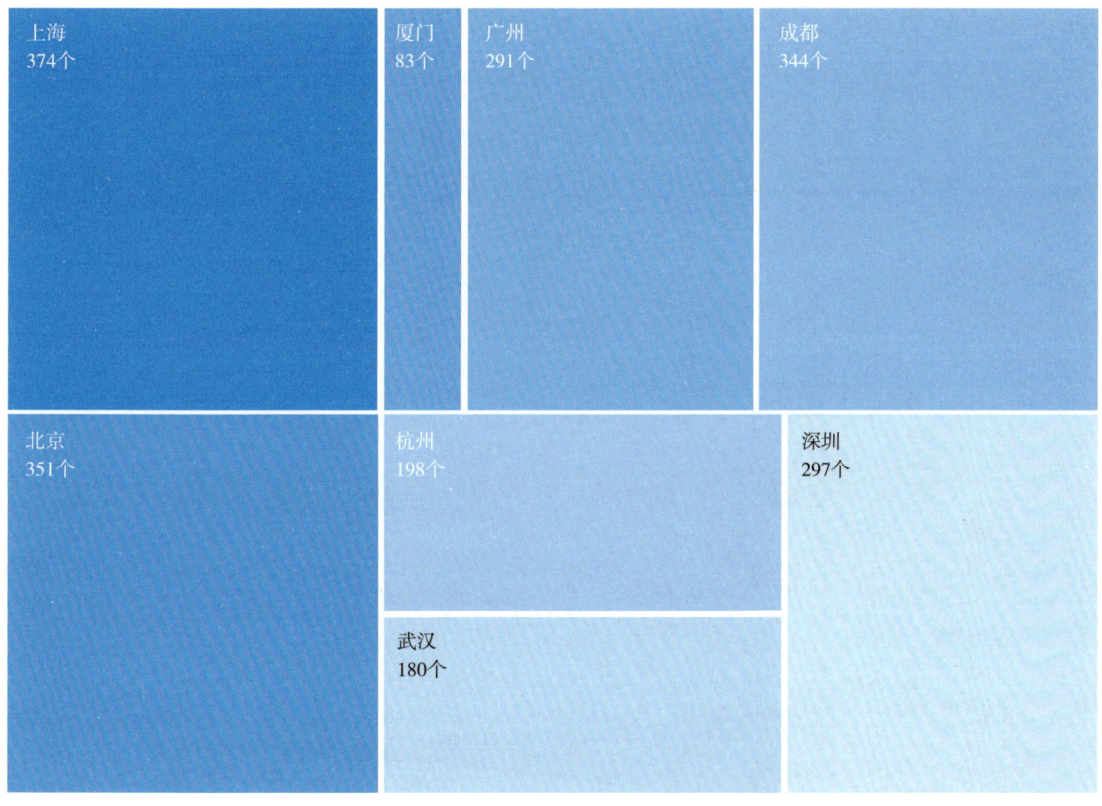

图 3-1 调查对象的地理分布

2. 人口分布

本次调研中，受访者共计 2118 人，以中青年为主，34.51% 的受访者年龄分布在 18~30 岁，19.55% 的受访者年龄分布在 31~40 岁，31.16% 的受访者年龄分布在 41~50 岁，14.78% 的受访者年龄分布在 50 岁以上。受访者性别分布方面，有 51.27% 为女性，47.26% 为男性，1.46% 的受访者不便透露性别。受访者学历方面，74.35% 的受访者最高学历在本科及以上，本科学历占比为 62.80%，硕士及以上学历占比 11.55%。受访者收入方面，有 34.04% 的受访者家庭月收入集中在 15000~29999 元，3.07% 的受访者选择不透露自己的家庭月收入（图 3-2）。

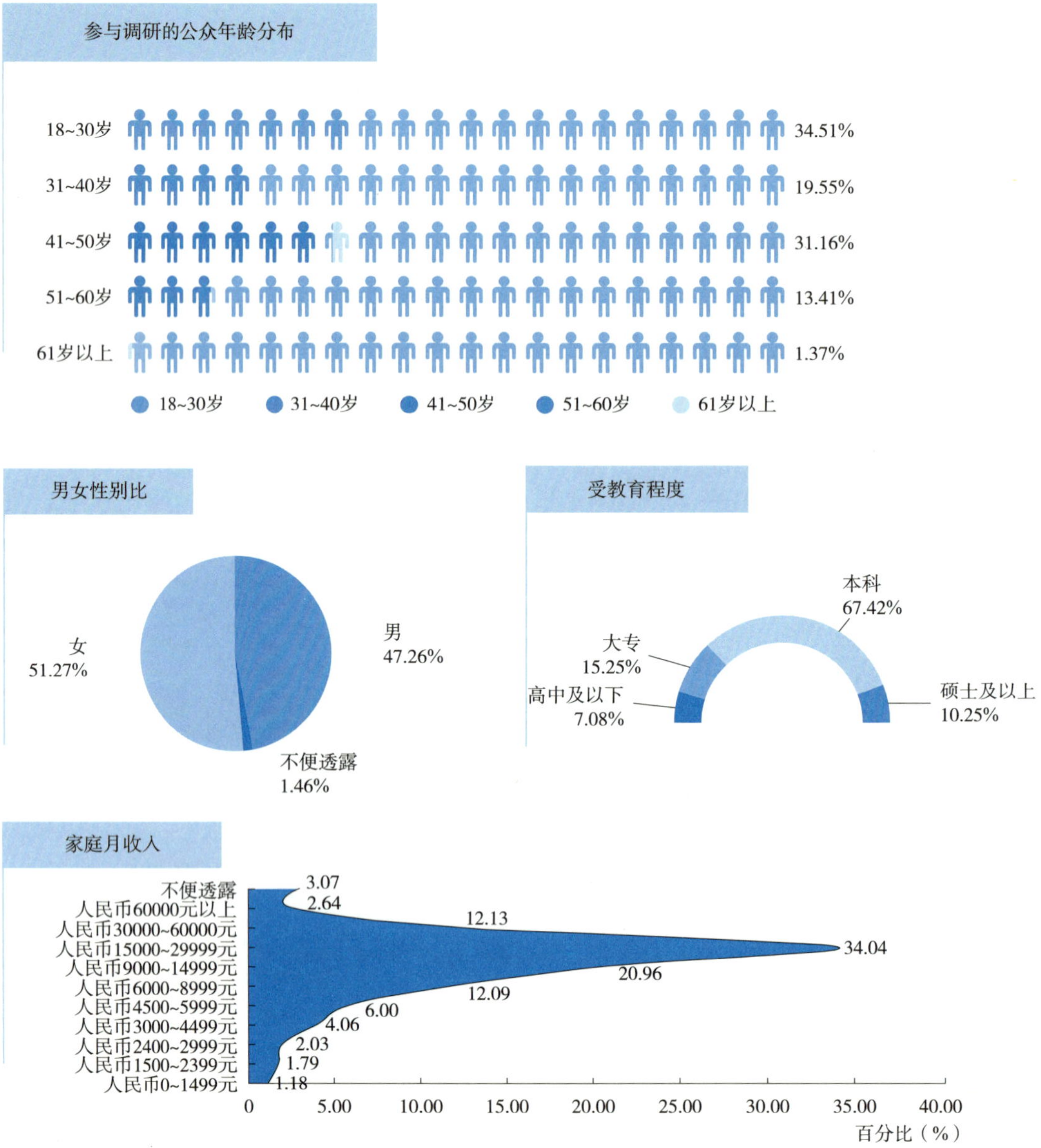

图 3-2 调查对象的人口特征

3. 家族分布

参与调研的公众的婚姻状况分析显示，70.16% 的受访者为已婚状态，27.20% 的受访者为未婚状态，1.61% 的受访者为离婚状态，0.24% 的受访者为丧偶状态，另外有 0.80% 的受访者表示不便透露婚姻状态。48.96% 的受访者家庭拥有 1 个孩子，15.44% 的受访者家庭拥有 2 个及以上的孩子，35.60% 的受访家庭没有孩子。拥有孩子的受访者中，23.31% 为学龄前儿童，45.08% 为小学生（图 3-3）。

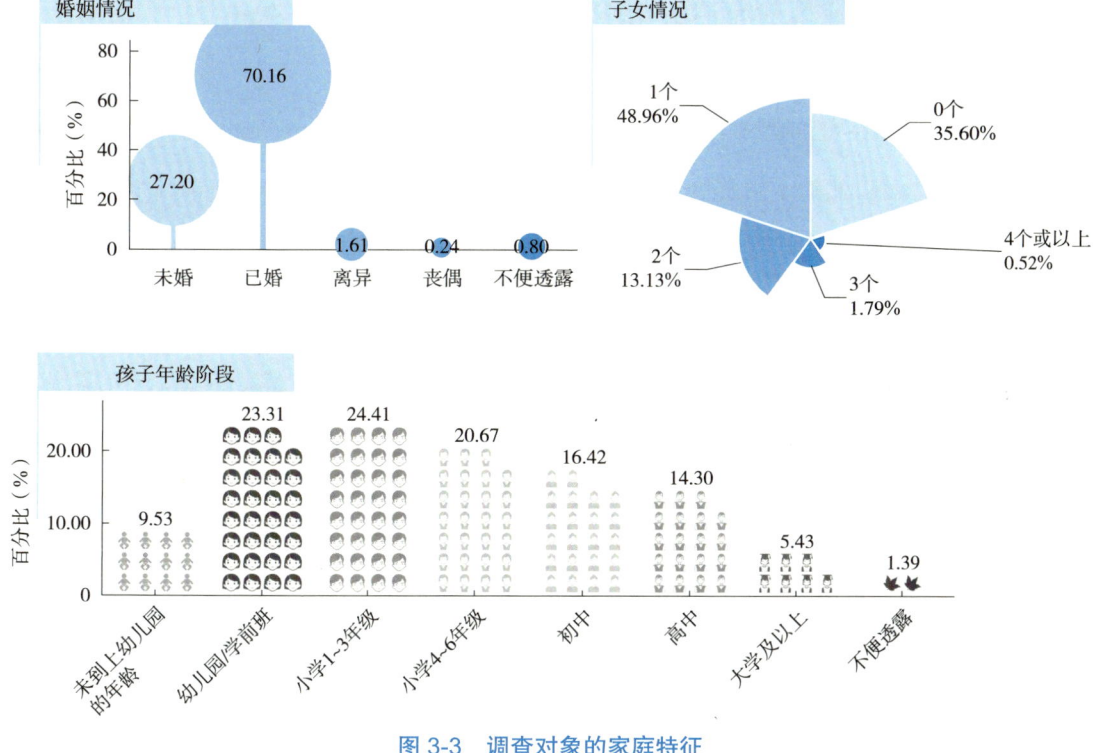

图 3-3　调查对象的家庭特征

4. 职业分布

参与调研的公众的职业情况分析显示，30.78% 的受访者为专业技术人员（图 3-4）。其中，38.65% 的专业技术人员为工程技术人员，13.34% 的专业技术人员为经济和金融专业人员，12.58% 的专业技术人员为教学人员。

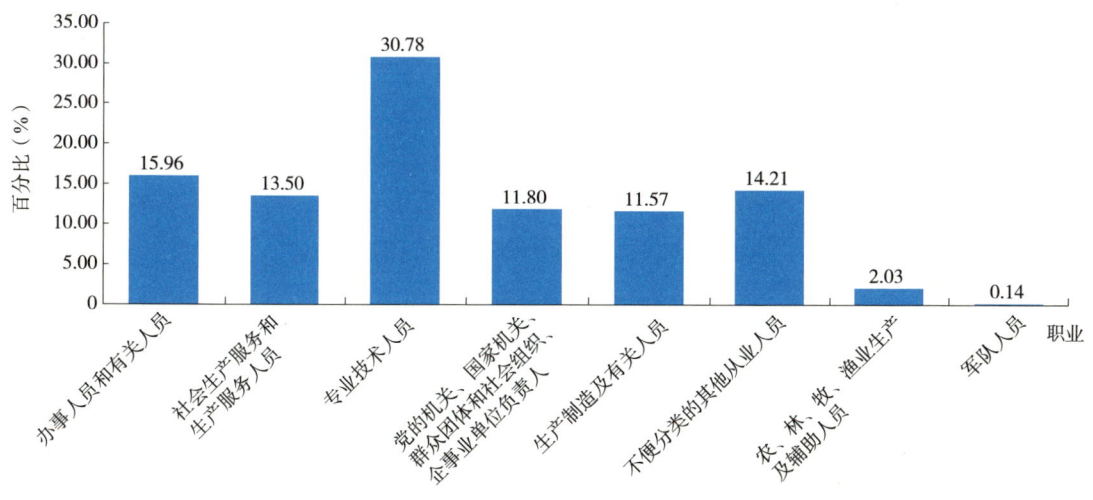

图 3-4　受访者的职业情况

三、对自然的态度和看法

1. 对自然的认识

参与调研的公众对自然的了解程度的分析显示，67.99% 的受访者对大自然的了解程度为 7 分及以上，对自然的了解程度平均分达到了 7.17 分（满分 10 分），98.06% 的受访者对自然的了解程度选择了 4 分及以上，18.89% 的受访者认为自己非常了解大自然（图 3-5）。

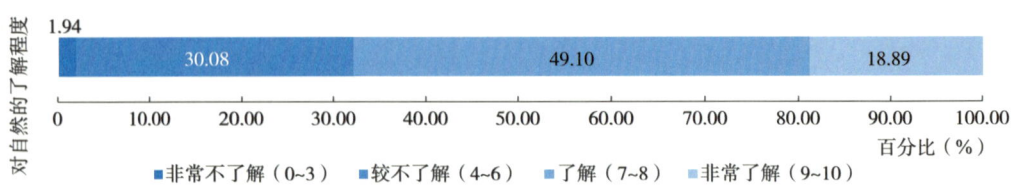

图 3-5 对自然的了解程度

参与调研的公众对自然的态度的分析显示，超过 94.29% 的受访者比较同意或者强烈同意与大自然和谐相处的理念，并努力践行；90.37% 的受访者比较同意或者强烈同意享受身处大自然之中，喜欢大自然，能够在自然中获得快乐；85.27% 的受访者比较同意或者强烈同意积极支持旨在解决环境问题的活动/行动；74.62% 的受访者比较同意或者强烈同意业余时间会尽量用于和家人朋友的相处，超过 63.59% 的受访者比较同意或者强烈同意在业余时间会优先安排户外活动（图 3-6）。

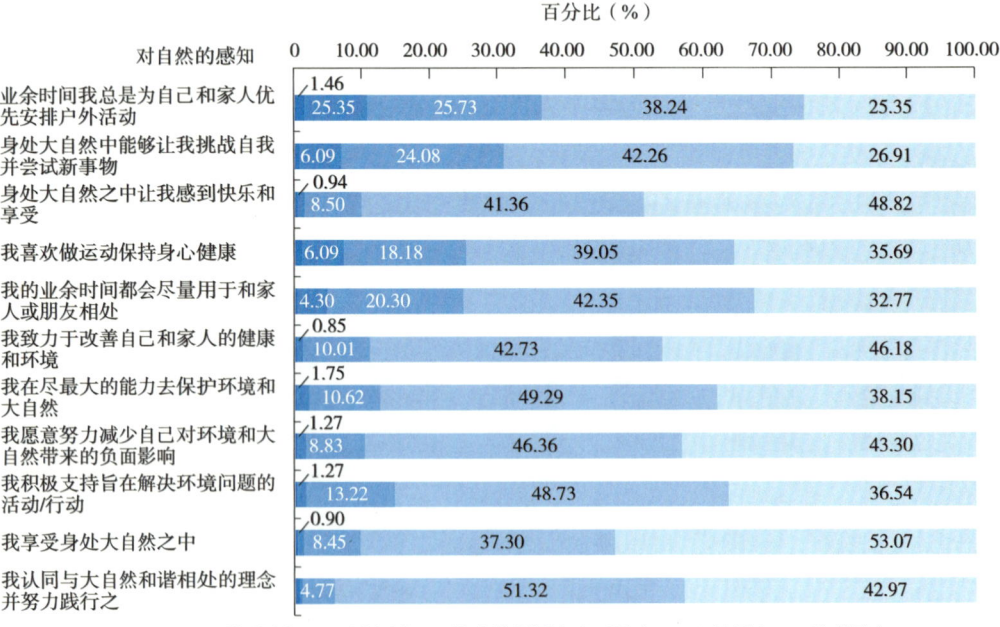

图 3-6 对待自然和自我的态度

2. 接触自然的重要性

参与调研的公众认为接触自然的重要性的分析显示，有 86.03% 的受访者为花时间在自然中的重要性打分超过 7 分，较 2021 年调研结果增加了 5.25%，总平均分为 7.94 分（总分为 10 分，2021 年平均分为 7.79），有 92.74% 的受访者认为接触自然对于他们的孩子的重要性评分超过 7 分，较 2021 年调研结果增加了 5.31%，总平均分为 8.5 分（n=1364，总分为 10 分，2021 年平均分为 8.32）（图 3-7）。

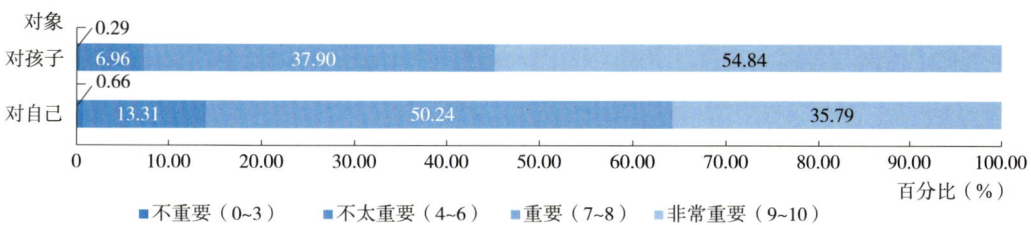

图 3-7 接触自然对自我及孩子的重要性

3. 参加户外活动的频率

我们将每周参加一次或多次户外活动定义为"活跃"（n=707），而"不活跃"（n=443）定义为每月参加户外活动的次数少于一次，将每月参加户外活动的次数 1~3 次定义为"一般活跃"（n=968）。

参与调研的公众参加户外活动情况的分析显示，45.70% 的受访者为一般活跃，33.38% 的受访者为活跃，20.92% 的受访者对户外活动兴趣较低或缺乏机会，表现为不活跃（图 3-8）。在一、二线城市的参与户外活动频率的分析中，一线城市的参加户外

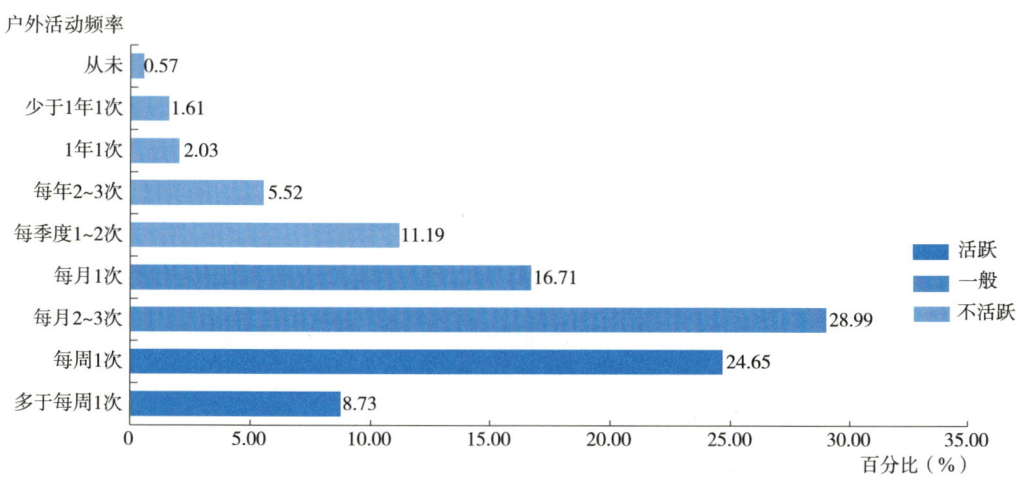

图 3-8 参加户外的频率

活动较为活跃的占比（33.96%），略高于二线城市（32.42%）；一线城市不活跃的占比（20.18%），略低于二线城市（22.11%）（图3-9）。

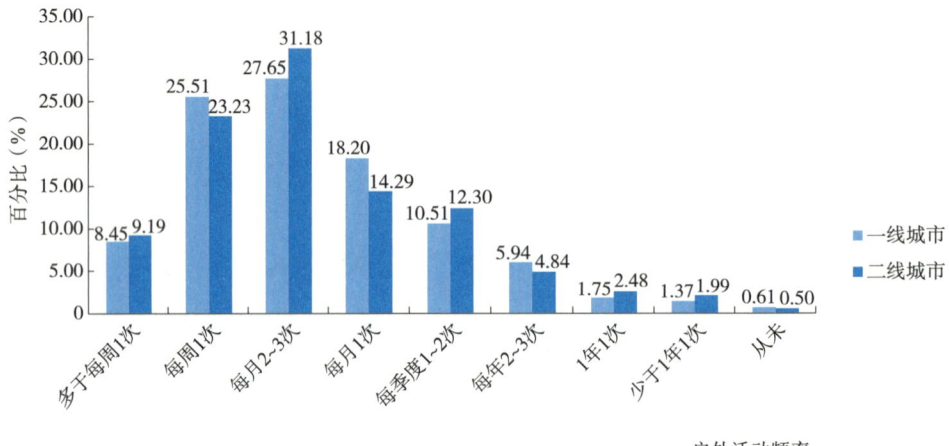

图3-9　不同城市参与户外活动的频率

过去12个月中，61.95%的受访者参观过植物园，52.17%的受访者参加过户外体育运动（如跑步、骑自行车、球类运动等），参加过音乐会/演唱会、玩乐器等室内活动被较少提及（图3-10）。具体的响应情况见表3-2。

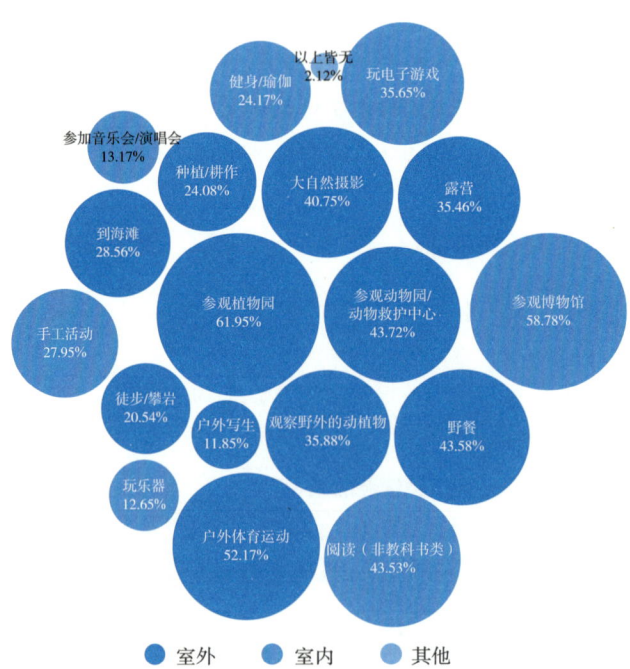

图3-10　过去12个月内参加的活动类型

表 3-2　不同类型的调查对象过去 12 个月参加的活动情况

类　型	响应最高	响应次之	第三响应
一线城市	参观植物园（63.75%）	参观博物馆（59.56%）	户外体育运动（53.69%）
二线城市	参观植物园（59.01%）	参观博物馆（57.52%）	户外体育运动（49.69%）
活　跃	参观植物园（73.83%）	参观博物馆（63.22%）	户外体育运动（55.02%）
不活跃	参观博物馆（47.40%）	户外体育运动（44.92%）	阅读（非教科书类）（41.99%）

四、对自然教育的认识和参与程度

1. 对自然教育的了解程度

本调研中所定义的自然教育为"在自然中实践的、倡导人与自然和谐关系的教育。它是有专门引导和设计的教育课程或活动，如保护地和公园自然解说/导览，自然笔记、自然观察、自然艺术等。"在对自然、自然教育的了解程度的调研中，67.99% 的受访者认为自己比较或非常了解自然，63.36% 的受访者认为自己比较或非常了解自然教育（图 3-11）。与 2021 年相比，公众对自然教育的了解程度比较、非常了解自然教育的占比增加了 8.19%。

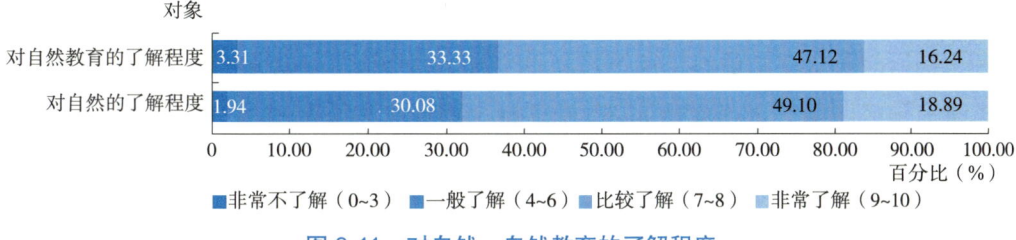

图 3-11　对自然、自然教育的了解程度

2. 活动参与情况

参与调研的公众参加自然教育活动情况的分析显示，95% 以上的受访者及其孩子参加过不同类型的自然教育活动，较历年调研中呈现的比例更高。其中，成人及儿童参与过的自然教育活动中，参与率超过 48% 的有自然科普/讲解（成人=54.58%，儿童=52.71%）、保护地或公园自然解说/导览等（成人=48.39%，儿童=48.83%）、农耕体验和园艺（种植、收割、酿制、食品加工等）（成人=48.39%，儿童=48.24%）。户外拓展活动中，成人的参与比例为 45.61%，明显高于儿童的 39.66%；在自然游戏中，儿童的参与比例为 27.05%，明显高于成人的 18.18%（图 3-12）。

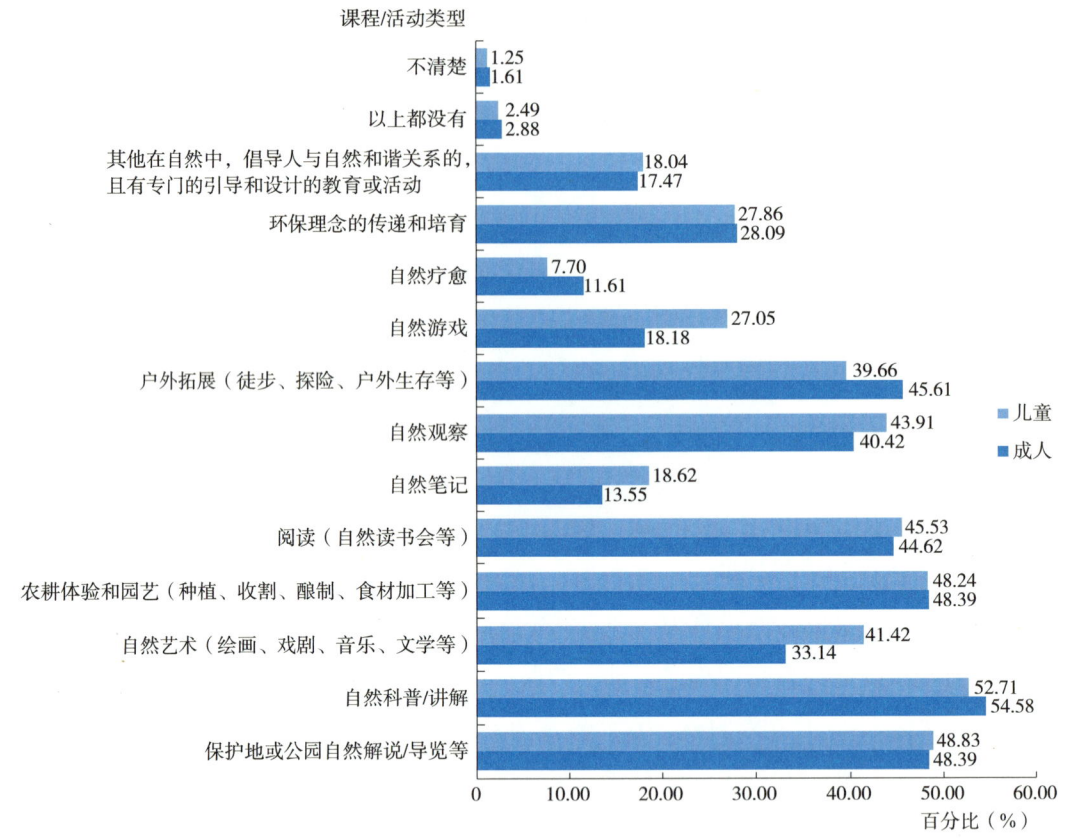

图 3-12　成人与儿童参与自然教育活动的情况

参与调研的公众在儿童参与自然教育活动的年龄分布情况的分析显示，儿童参与自然教育活动的年龄段主要集中在幼儿园/学前班（39.20%）、小学1~3年级（43.80%）、小学4~6年级（33.70%）（图3-13）。其中，小学4~6年级的占比较2021年增加了10.74%。

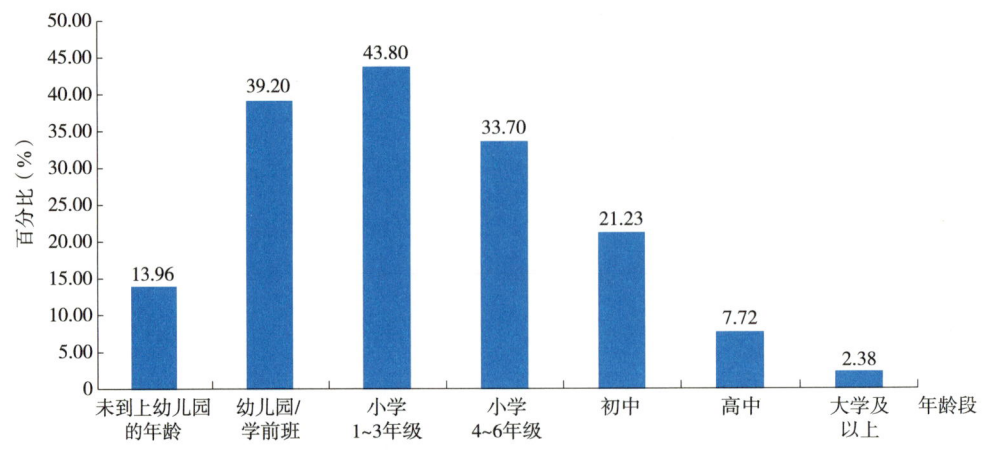

图 3-13　儿童参与自然教育活动的年龄段分布情况（n=1364）

3. 自然教育项目开支情况

参与调研的公众在自然教育活动的消费情况分析显示，23.42%的受访者参与自然教育活动的消费金额主要集中在人民币 500 元及以下，21.67%的受访者消费金额为人民币 501~1000 元，25.92%的受访者消费金额为人民币 1001~3000 元，2.69%的受访者消费金额为人民币 10000 元以上。其中，消费金额在 3000 元人民币以上的区间中，一线城市占比略高于二线城市（图 3-14）。

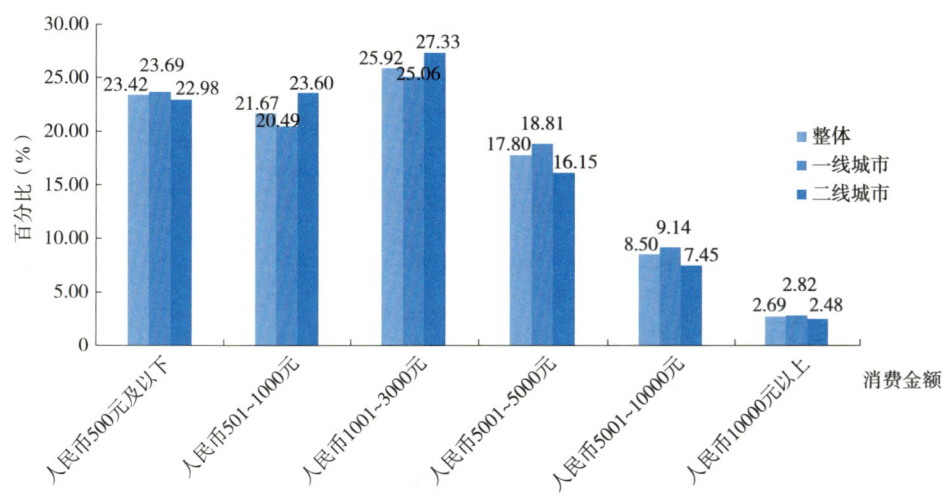

图 3-14　过去一年中成人及其孩子参与自然教育的消费金额

五、参与自然教育的动机

参与调研的公众在参与自然教育动机的分析显示，"加强人与自然的联系，建立对自然的尊重、珍惜和热爱"和"学习与自然相关的科学知识"是自然教育最受欢迎的原因，它们的综合得分分别为 8.48 分和 8.4 分，均得到了超过 60%的人的支持。"在自然中认识自我"和"在自然中放松、休闲和娱乐"是第三和第四受欢迎的原因，它们的综合得分分别为 7.12 分和 6.58 分。"为孩子或自己提供与其他同龄人相处的机会""加强社区连接，共同营造社区发展""为自己提供一个安全并且大家互相帮助的环境""学习包容并支持鼓励多元化的群体"等社会性相关的属性评分在 2 分以下（图 3-15）。

参与调研的公众在参与自然教育的阻力分析显示，时间不够是参加自然教育活动的主要阻力，63.6%的受访者认为工作太忙或孩子的学业太忙是主要原因。活动的地点太远是第二大阻力，49.58%的受访者认为地点过于偏远。对活动的安全性有顾虑是第三大阻力，40.65%的被调查者认为安全性是他们考虑参与的重要因素（图 3-16）。

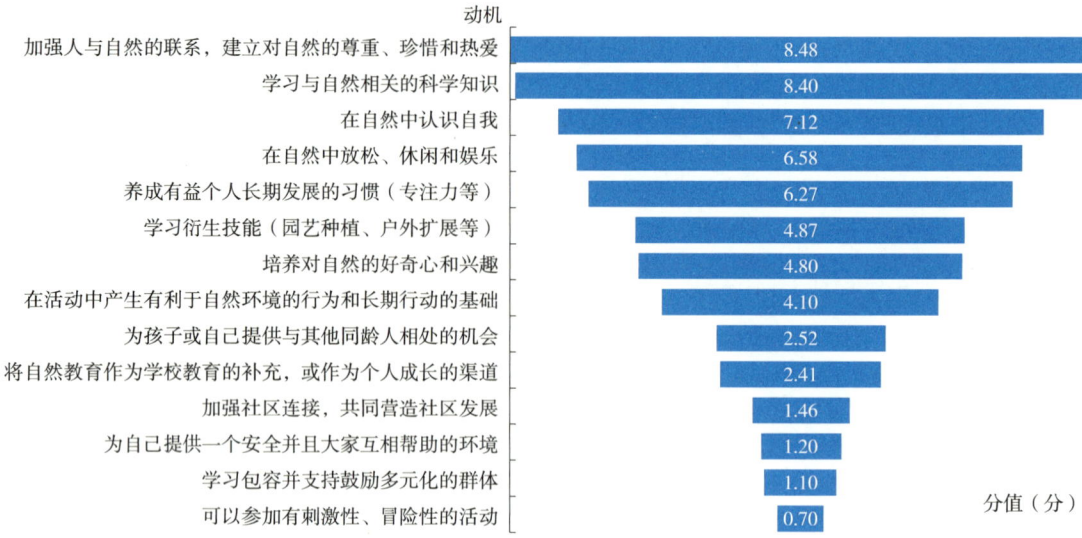

图 3-15　参与自然教育活动的主要动机

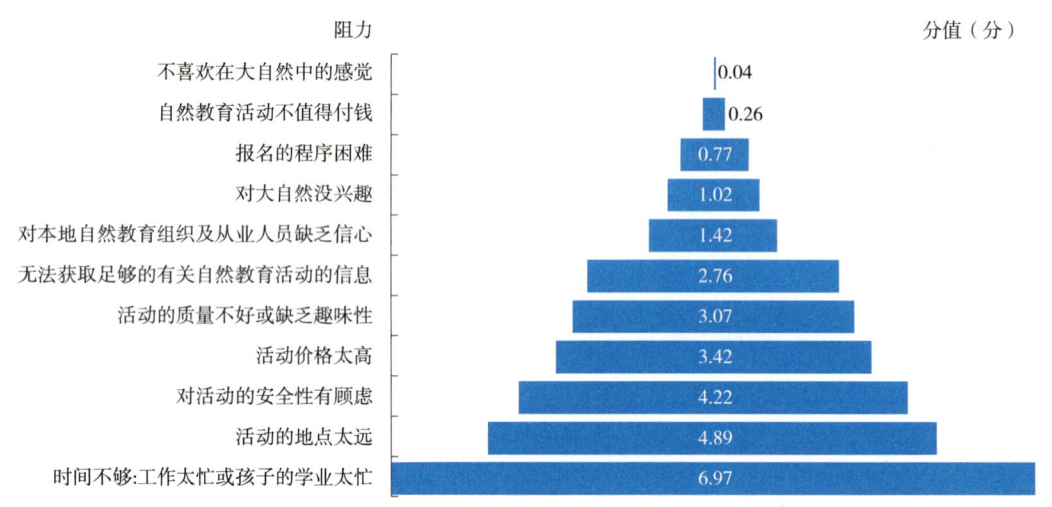

图 3-16　参与自然教育活动的主要阻力

六、关于自然教育活动的成效

1. 了解自然教育活动信息的渠道

参与调研的公众在获取自然教育活动信息的渠道分析显示，65.83%的受访者通过自然教育机构的自媒体获取自然教育活动的相关信息，55.03%的受访者通过朋友和家人介绍推荐，49.37%的受访者通过孩子的学校获取相关信息，19.80%的受访者通过政府网站获取相关信息，19.60%的受访者通过某些活动或场地获取相关信息（图 3-17）。

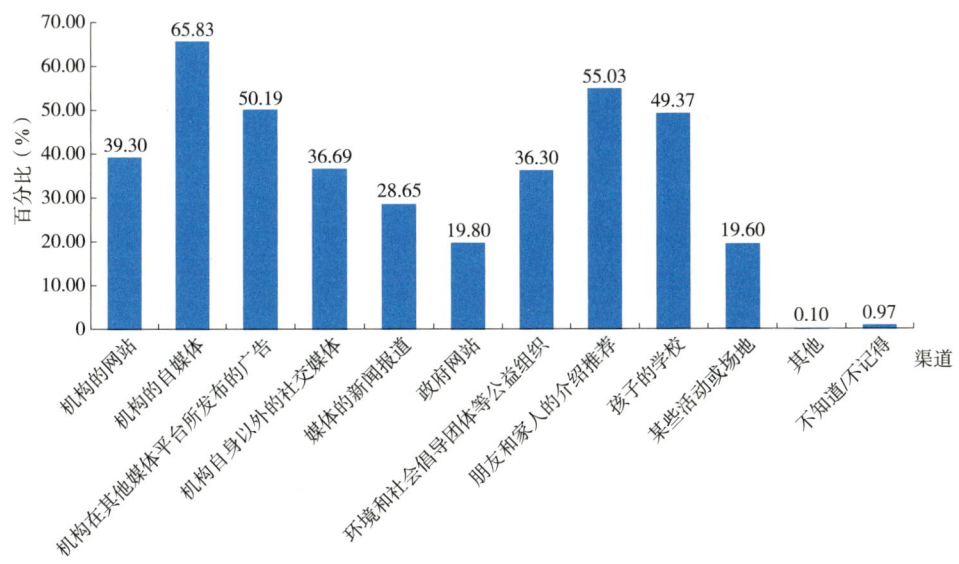

图 3-17 了解自然教育活动信息的渠道（n=2066）

2. 自然教育活动的满意度

参与调研的公众在对自然教育活动满意度的分析显示，68.59% 参与过自然教育活动的受访者对于自然教育活动的整体满意度为非常满意或比较满意，较 2021 年同比提高了 8.04%；比较不满意和非常不满意的人数占比为 2.57%；较 2021 年同比降低了 5.1%（图 3-18）。

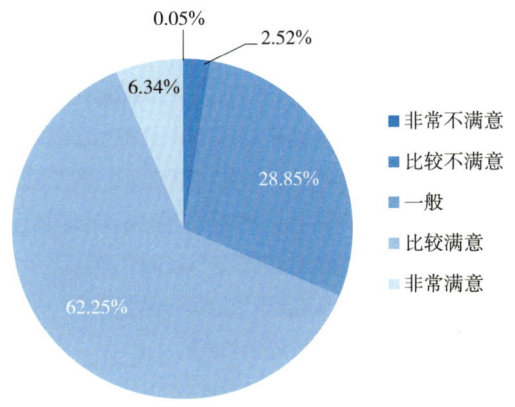

图 3-18 对自然教育活动的整体满意度（n=2066）

在具体满意度方面，参与调研的公众对自然教育活动中营造的良好社群氛围、课程效果、带队老师和参与者的互动、带队老师的专业性方面的满意度较高，对后勤服务及行政管理、客户的后期维护的满意度较低，有较大的改善空间（图 3-19）。

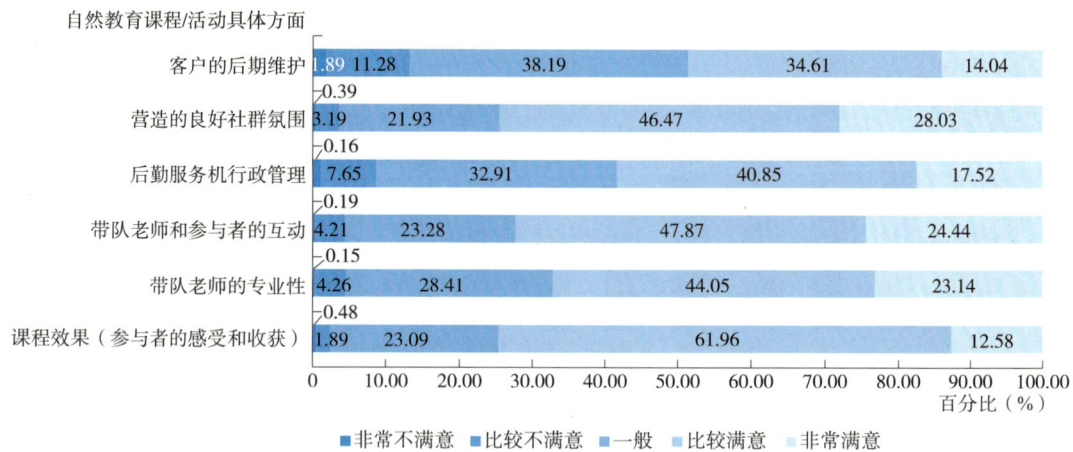

图 3-19　对自然教育活动的具体满意度（n=2066）

3. 自然教育的价值作用

参与调研的公众在对自然教育活动能够带来的支持帮助的分析显示，78.56%的受访者认为自然教育能够提升参与者对大自然和保护大自然的兴趣，74.79%的受访者认为自然教育能够加强参与者对环境的关注，68.60%的受访者认为能够增强参与者独立能力。而在增强领导才能、让孩子更加机智方面，超过/接近75%的受访者认为自然教育无法在这些方面提供帮助支持（图3-20）。

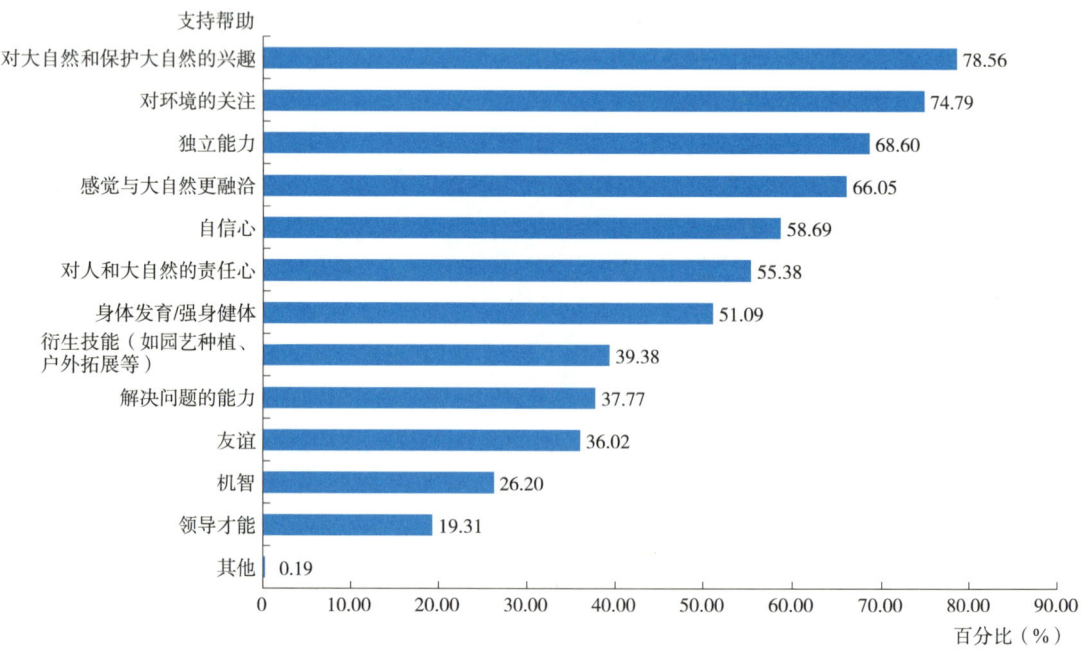

图 3-20　对自然教育活动给自己及孩子带来的支持帮助（n=2066）

七、参与自然教育的偏好和意愿

1. 感兴趣的自然教育活动类型

参与调研的公众在对自然教育活动偏好的分析显示,受访者感兴趣的自然教育活动类型中评分最高的为自然体验类活动(4.95 分,最高 7 分),如在大自然中嬉戏,体验自然生活;第二是博物、环保科普认知类(3.41 分),如了解动植物或环境等相关科普知识;第三位农耕类(2.94 分),如生态农耕体验、自然农法工作坊等;户外探索、专题研习及工艺手作类的评分均低于 2 分(图 3-21)。

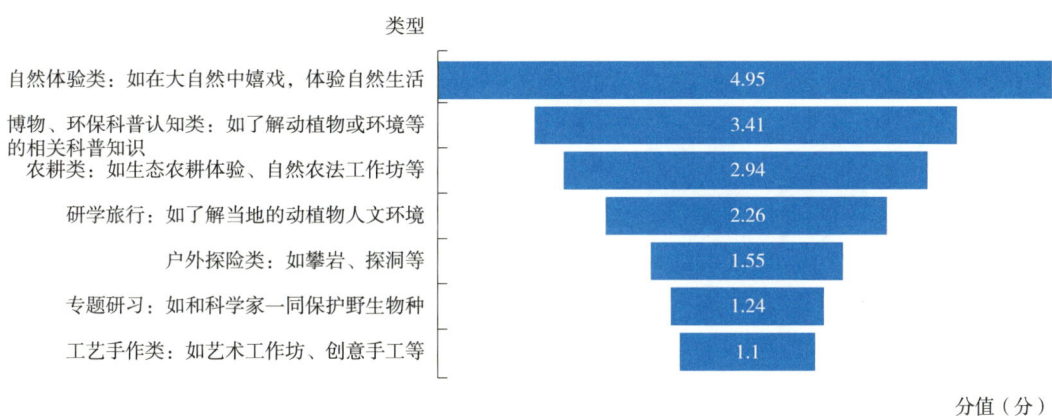

图 3-21 感兴趣的自然教育活动类型

2. 期待的价格及愿意支付的金额

在对一项自然教育活动(非冬夏令营)价格的期待中(图 3-22),77.19% 受访者期

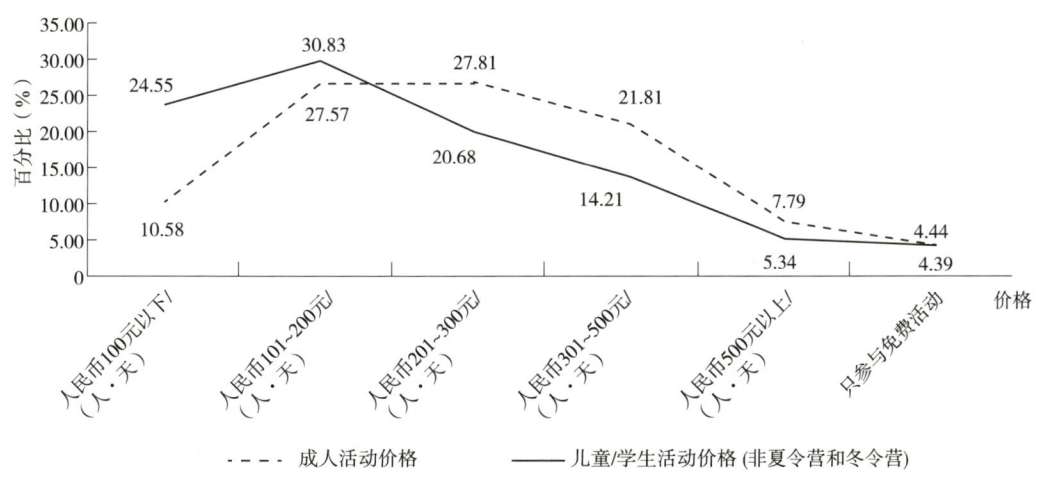

图 3-22 对一项自然教育活动期待的价格(非夏冬令营)

待成人活动的价格在100~500元/（人·天），其中，27.81%的受访者期待价格为人民币201~300元/（人·天）、27.5%的受访者期待价格为人民币100~200元/（人·天）。在儿童/学生价格选择中，55.38%的受访者认为针对儿童/学生的自然教育活动价格应该在200元/（人·天）以内，其中，24.55%的受访者期待的学生价为人民币100元以下/（人·天），30.83%的受访者期待的学生价为人民币100~200元/（人·天）。另外，有4.44%的受访者期待参与免费的成人活动，4.39%的受访者期待参与免费的儿童/学生活动。一、二线城市对于期待的自然教育活动价格总体走向相仿（图3-23、图3-24）。

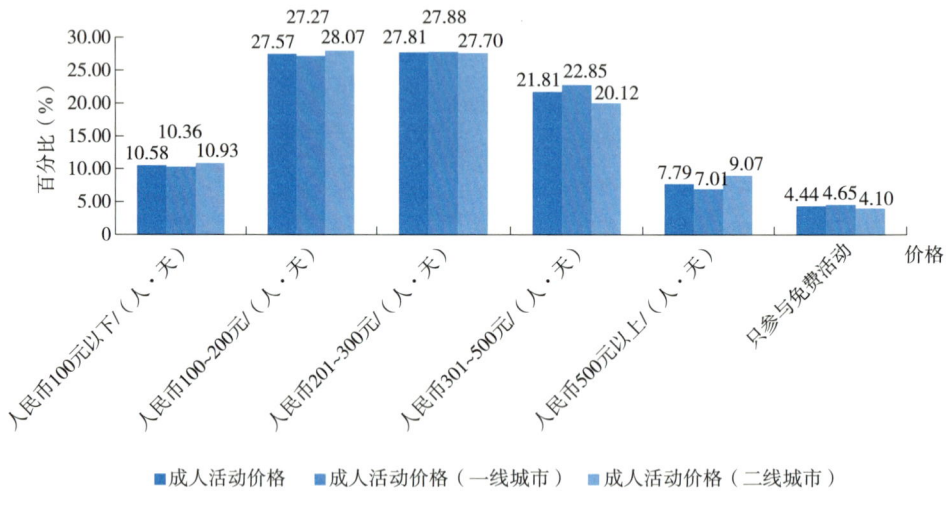

图3-23 不同城市期待的自然教育活动成人价格

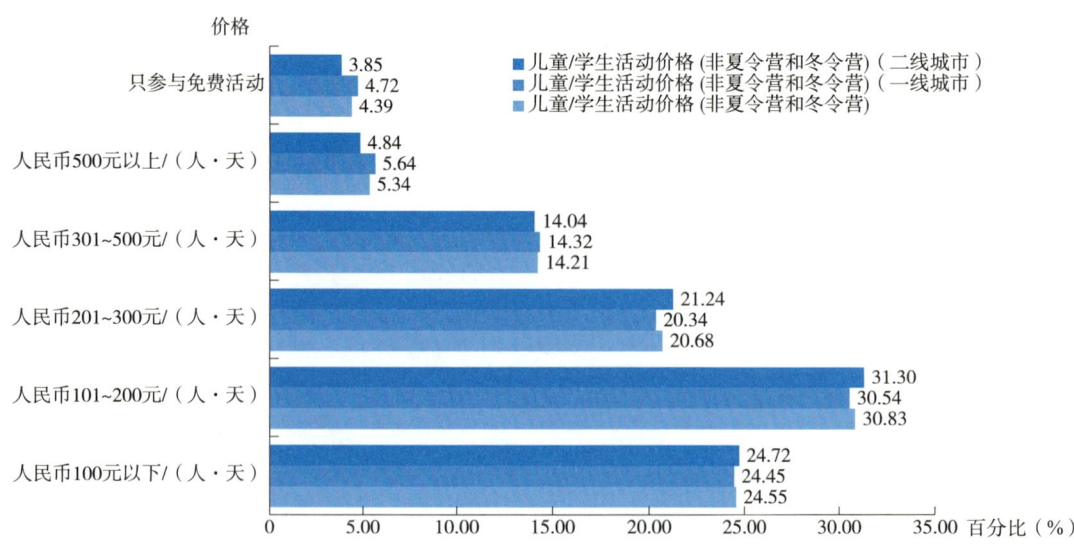

图3-24 不同城市期待的自然教育活动儿童/学生价格

在未来 12 个月计划投入的消费金额方面，有 67.56% 的受访者有意向投入 3000 元以内，其中，有 17.37% 的受访者有意向投入的金额为 500 元及以下或免费。相比二线城市，一线城市有意向投入更高的金额（图 3-25、图 3-26）。

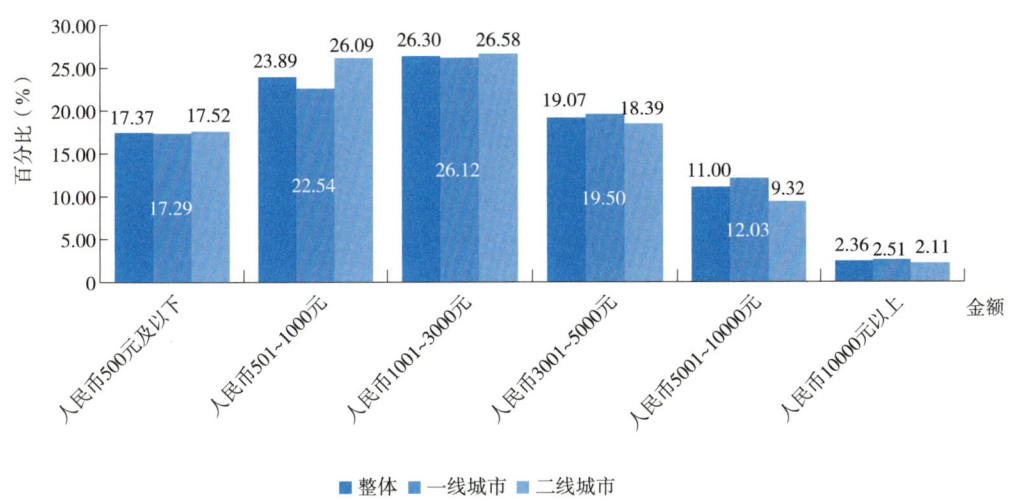

图 3-25　未来 12 个月有意向投入自然教育活动的金额

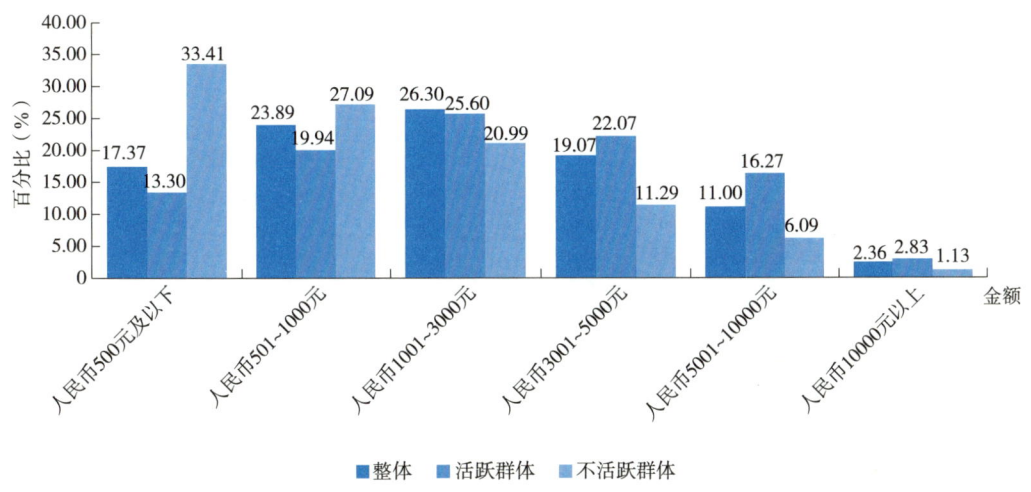

图 3-26　未来 12 个月不同习惯的受访者有意向投入自然教育活动的金额

3. 预期参与自然教育的频率及可能性

参与调研的公众在未来参与自然教育的频率情况分析显示，26.44% 的受访者倾向于每个季度参加 1 次自然教育活动。23.98% 的受访者倾向于每个月参加 1 次自然教育活动，79.08% 的受访者倾向于每个月至少 1 次户外活动（图 3-27）。

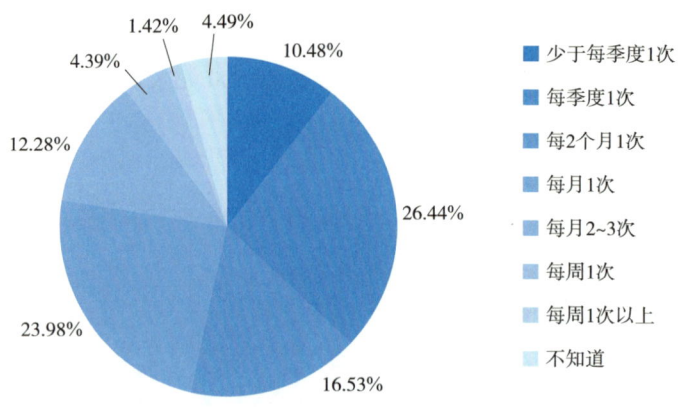

图 3-27　未来 12 个月参与自然教育的频率

参与调研的公众在未来参与自然教育的可能性情况分析显示，77.19% 的受访者未来 12 个月有可能参与自然教育活动，其中，23.18% 的受访者未来 12 个月非常可能参与自然教育活动。3.68% 的受访者认为未来 12 个月不可能参加自然教育活动。此外，有 19.12% 的受访者不清楚或不肯定是否会参加自然教育活动（图 3-28）。

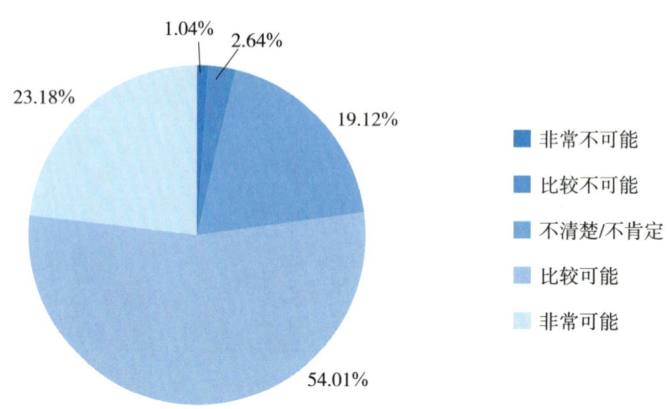

图 3-28　未来 12 个月参与自然教育的可能性

一、二线城市在未来 12 个月参与自然教育的可能性差异不大（图 3-29），相比参加户外活动不活跃的受访者，活跃的受访者参加自然教育的可能性更大（图 3-30）。

4. 选择自然教育的关键影响因素

参与调研的公众在选择自然教育的关键影响因素分析显示，34.23% 的受访者认为最重要的因素是对孩子成长有益，26.96% 的受访者认为最重要因素为课程主题和内容设计，25.12% 的受访者认为导师或领队老师的素质和专业性也是选择自然教育活动的重要因素之一（图 3-31）。

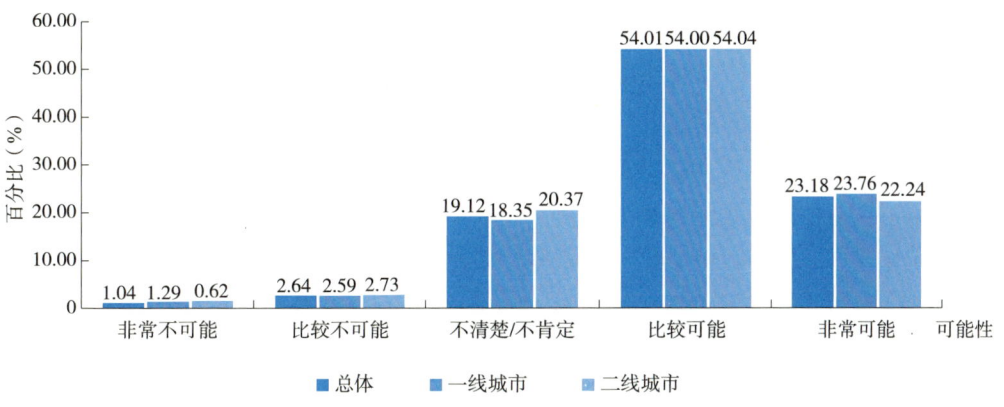

图 3-29　不同城市未来 12 个月参与自然教育的可能性

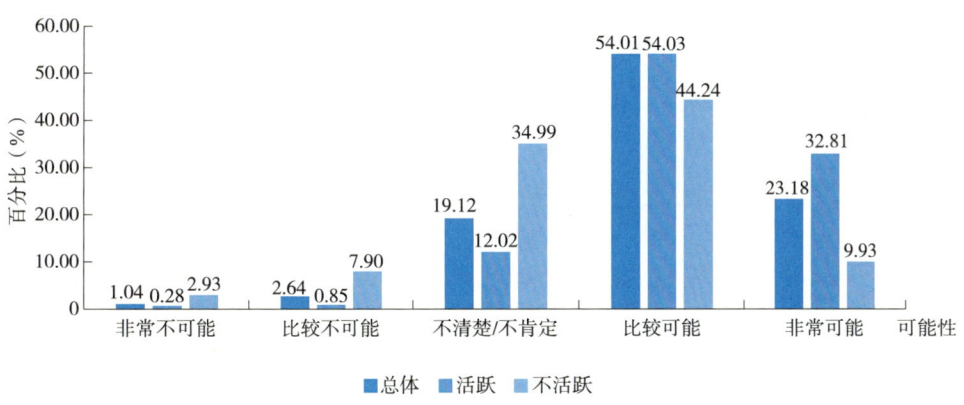

图 3-30　不同活跃度未来 12 个月参与自然教育的可能性

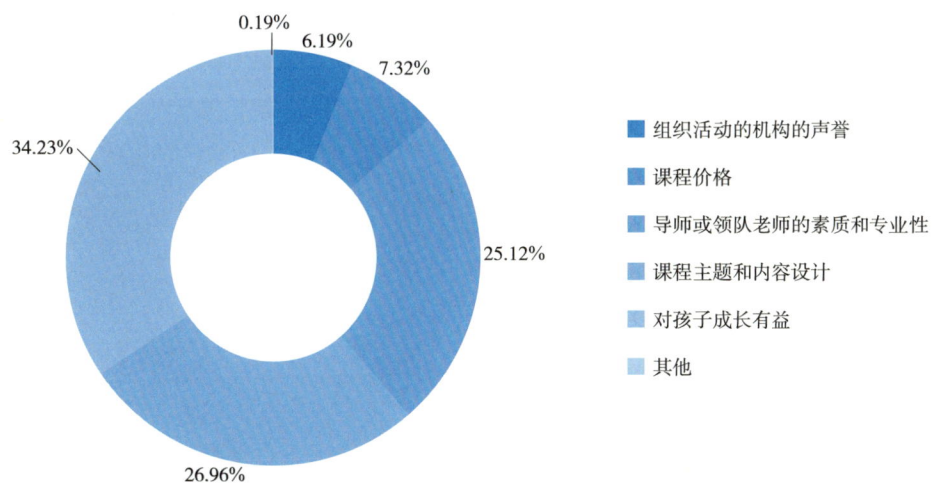

图 3-31　选择自然教育的关键影响因素

第四章
专题研究——自然教育基地（学校）

第一节 调查设计及实施

一、调查目的

通过抽样调查，梳理2022年度自然教育基地（学校）开展自然教育的效果、模式、特点，为以自然保护地为主的自然教育基地（学校）开展自然教育提供有效参考。

二、样本描述

本次调查的样本个体为中华人民共和国（不含港澳台地区）境内以自然保护地为主的自然教育基地，包括国家公园、自然保护区、自然公园，以及植物园、保护区、教育型农场、森林幼儿园等。所有符合上述条件的主体构成样本总体。

三、抽样方法和工具

本次调查依方便抽样方法进行，从参加2022年中国自然教育大会相关活动的相关保护地单位、自然教育基地单位中选取愿意参加此次调研的机构为样本，最终确定样本数为188家。

对2020年自然教育调研问卷进行修订补充形成《自然教育基地（学校）调研问卷》。使用该问卷对188个样本单元，采用结构化的线上问卷（见附录三）的方式开展调查。

四、调查实施

在2023年6月17日至7月6日期间，组织人员按照上述方法开展调查。共收回了333份问卷，其中，有效问卷188份，有效率为56.46%。

第二节 调查结果及分析

一、基本情况

1. 地理分布

参与调研的自然教育基地（学校）共计 188 家，来自全国 22 个省（直辖市、自治区），参与数量前三位的省份依次为广东、四川、广西，其中广东的自然教育基地（学校）数量为 85 家，占比 45.21%；四川的自然教育基地（学校）数量为 13 家，占比 6.91%；广西的自然教育基地（学校）数量为 12 家，占比 6.38%（图 4-1）。

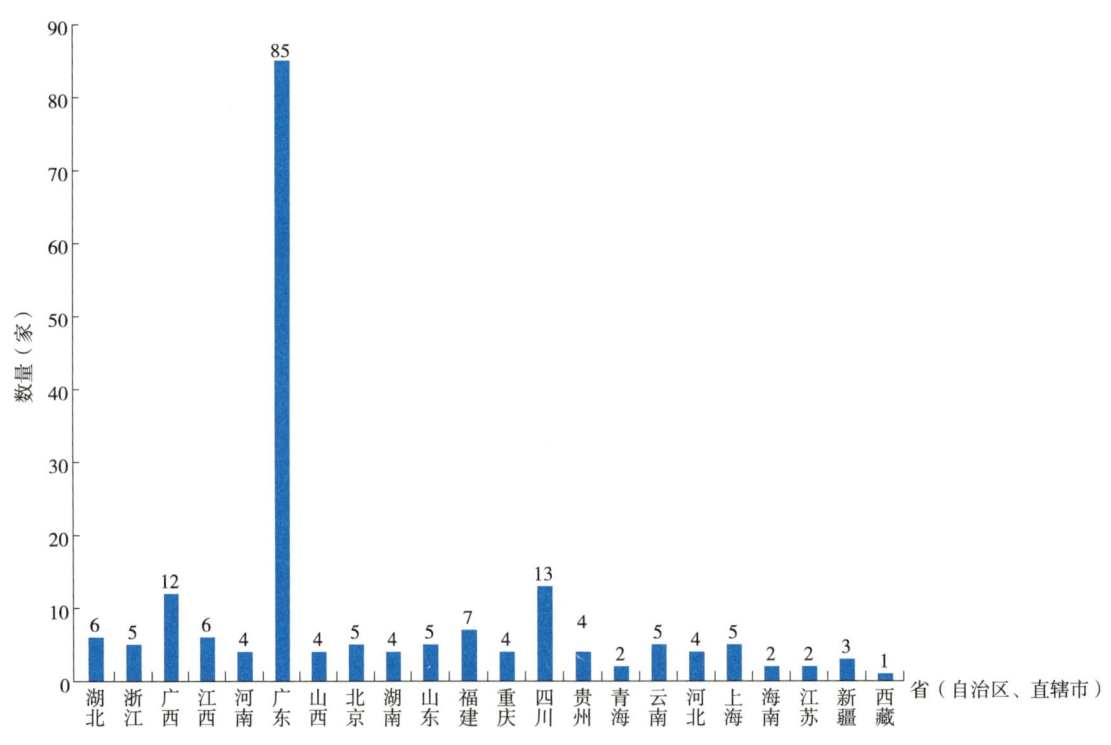

图 4-1　参与调研的自然教育基地（学校）地域分布

2. 类型

参与调研的 188 家自然教育基地（学校）中，占比较高的有下列类型：自然保护区，30 家，占比为 15.96%；自然教育中心，25 家，占比为 13.30%；自然教育机构，21 家，占比为 11.17%；其他类别占比 19.15%，主要为学校（含幼儿园、小学、大学）、社会组织等（图 4-2）。

第四章 专题研究——自然教育基地（学校）

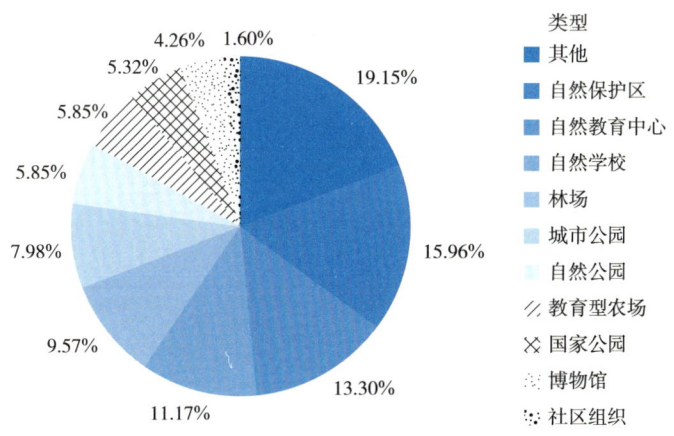

图 4-2 参与调研的自然教育基地（学校）类型分布

参与调研的自然教育基地（学校）类型分布的分析显示，受访的自然保护区主要分布在广东、广西、江西；受访的国家公园主要分布在四川、重庆；自然公园主要分布在广东、福建。其他类型的自然教育基地的地域分布情况请参见表 4-1。

表 4-1 参与调研的自然教育基地（学校）类型与地域分布情况

类型	数量（家）	排名前三的省份
自然保护区	30	广东、广西、江西
国家公园	10	四川、重庆
自然公园	11	广东、福建
城市公园	15	广东、北京
自然学校	21	广东、山西
自然教育中心	25	广东、湖北
博物馆	8	广东、北京、福建、广西、河南
教育型农场	11	广东、广西、四川
社区组织	3	山东、四川、青海
林场	18	广东、浙江
其他	36	广东、广西、四川、湖南、云南
合计	188	

表 4-2 显示了参与调研的自然教育基地（学校）类型与行政级别分布，剔除其他类型后，42.55% 受访基地为正（副）处级单位，在自然保护区中有 22 个属于正（副）处级单位，3 个正（副）科级单位和 2 个股级单位。

表 4-2　参与调研的自然教育基地（学校）类型与行政级别分布

类型	处级（正/副）	科级（正/副）	股级	无	总计	占比（%）
自然保护区	22	3	2	3	30	15.96
国家公园	7	1	—	2	10	5.32
自然公园	5	2	1	3	11	5.85
城市公园	8	3	—	4	15	7.98
自然学校	8	2	2	9	21	11.17
自然教育中心	8	—	1	16	25	13.30
博物馆	3	1	1	3	8	4.26
教育型农场	—	—	—	11	11	5.85
社区组织				3	3	1.60
林场	9	3	2	4	18	9.57
其他	10	4	—	22	36	19.15
总计	80	19	9	80	188	—
占比（%）	42.55	10.11	4.79	42.55	—	—

二、自然教育服务情况

1. 服务内容

参与调研的自然教育基地（学校）自然教育相关业务内容的分析显示，89.89% 的受访基地提供自然教育体验活动/课程，72.34% 的受访基地提供解说展示服务；还有其他常规的服务项目，如场地、设施租借（47.34%）、餐饮服务（36.17%）、住宿服务（26.60%）、旅行规划（26.06%）、商品出售（24.47%）（图 4-3）。

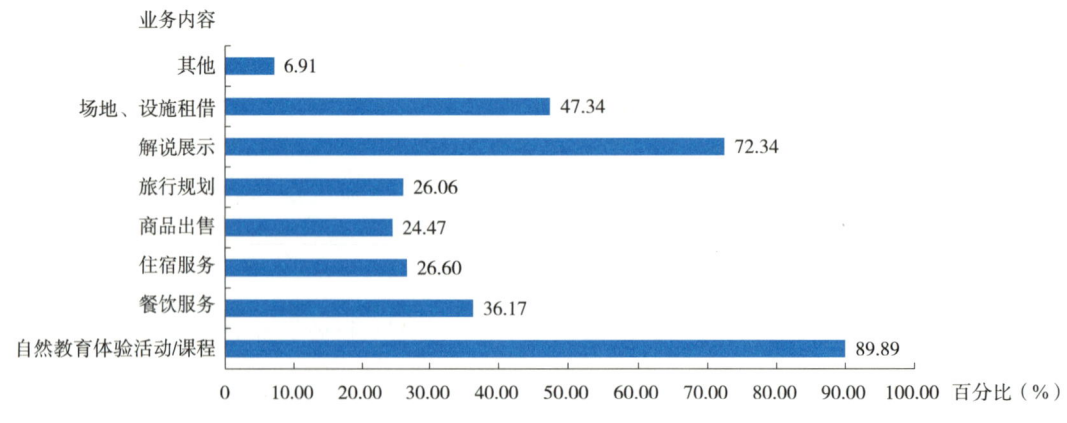

图 4-3　参与调研的自然教育基地（学校）提供的服务内容及占比情况

2. 开展自然教育的年份

参与调研的自然教育基地开展自然教育年份的分析显示，受访基地开展自然教育的时间，最早可以追溯到 1982 年，那年广州市少年宫、新疆维吾尔自治区卡拉麦里山有蹄类野生动物自然保护区管理中心分别进行了自然教育的相关探索，这个阶段自然教育还在孕育期。2009—2013 年间，作为自然教育的萌芽期，受访基地开展自然教育的数量也出现了一次新的增长，湖南植物园（2009 年）、广东省博物馆（广州鲁迅纪念馆）（2010 年）、厦门大学海洋博物馆（2012 年）、重庆缙云山国家级自然保护区管理局（2012 年）、广州市白云区马务公园（2012 年）、华侨城湿地（2012 年）在此期间开始尝试自然教育。2013 年之后自然教育开始蓬勃发展，受访基地中，有 76 家（占比 40.43%）在此阶段开始自然教育相关工作；2020—2022 年，受到疫情影响，全国进入疫情防控阶段，自然教育等户外活动受限，但仍有 64 家（占比 34.04%）受访基地（学校）进入自然教育领域（图 4-4，表 4-3）。

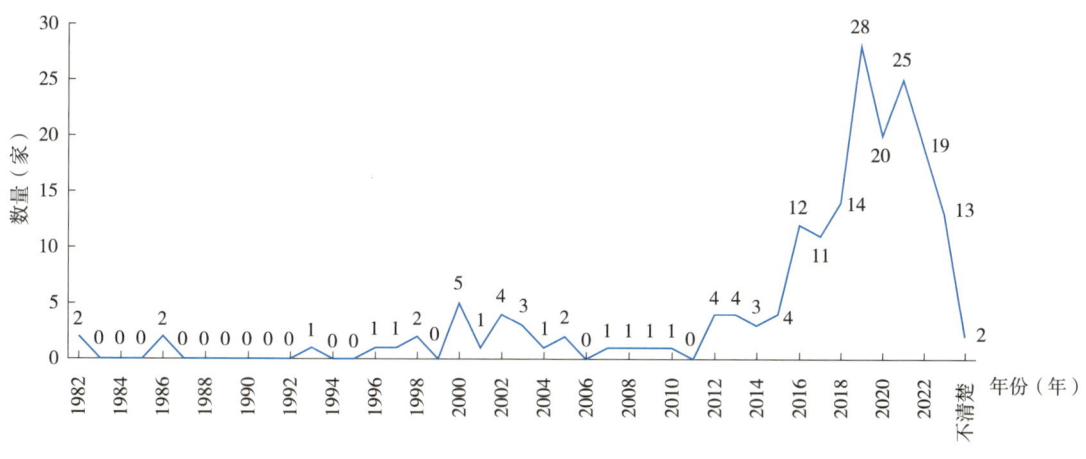

图 4-4　参与调研的自然教育基地（学校）开展自然教育的年份

表 4-3　参与调研的自然教育基地（学校）开展自然教育的年份

年份（年）	数量（家）
1980—1989	4
1990—1999	5
2000—2009	19
2010—2019	81
2020—2022	64

续表

年份（年）	数量（家）
2023	13
不清楚	2
合计	188

3. 服务对象与内容

参与调研的自然教育基地（学校）服务对象的分析显示，68.95%的受访基地的主要服务对象为小学生（非亲子），46.84%的受访基地的主要服务对象为亲子家庭，39.47%的受访基地的主要服务对象为初中生。相比2020年，主要服务对象中初中生的占比由2020年的50.00%下降至39.47%；企业团体的占比由2020年的27.11%下降至12.63%；周边社区居民的占比由32.00%下降至18.95%；学前儿童（非亲子）占比由15.00%上升至22.63%。相比2019年，主要服务对象中周边社区居民的占比由2019年的55.63%下降至18.95%（图4-5）。

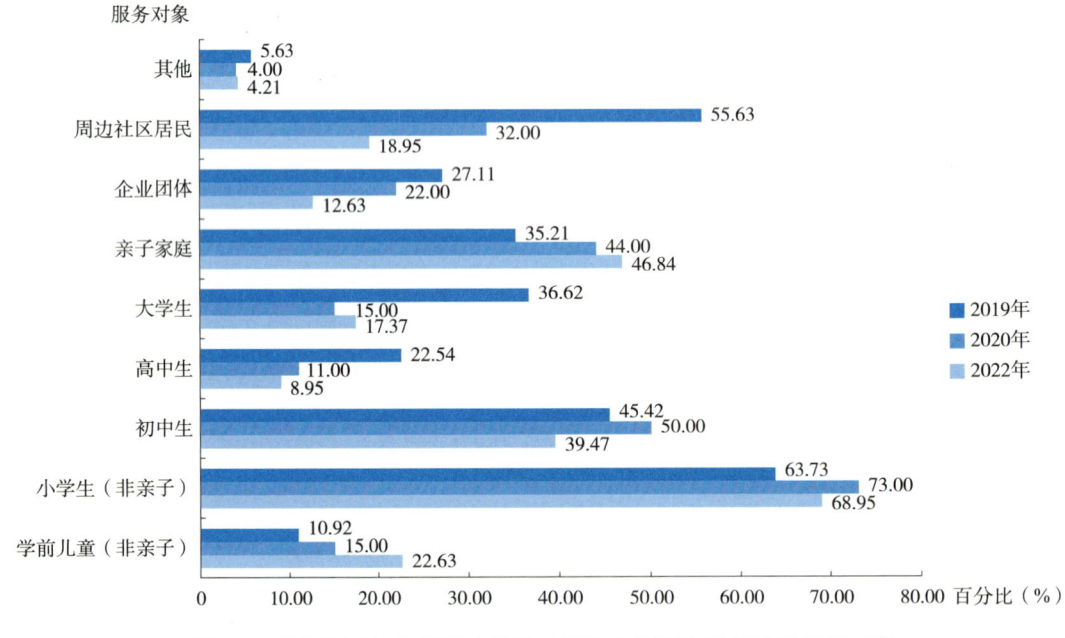

图4-5 参与调研的自然教育基地（学校）开展自然教育的服务对象

参与调研的自然教育基地（学校）项目/活动类型的分析显示，83.68%的受访基地开展自然科普/讲解，68.95%的受访基地开展自然观察，61.05%的受访基地开展自然解说/导览，6.32%受访基地表示尚未开展过自然教育活动，或计划于2023年开展，比例较2019年的8.6%有所降低（图4-6）。

第四章 专题研究——自然教育基地（学校） 61

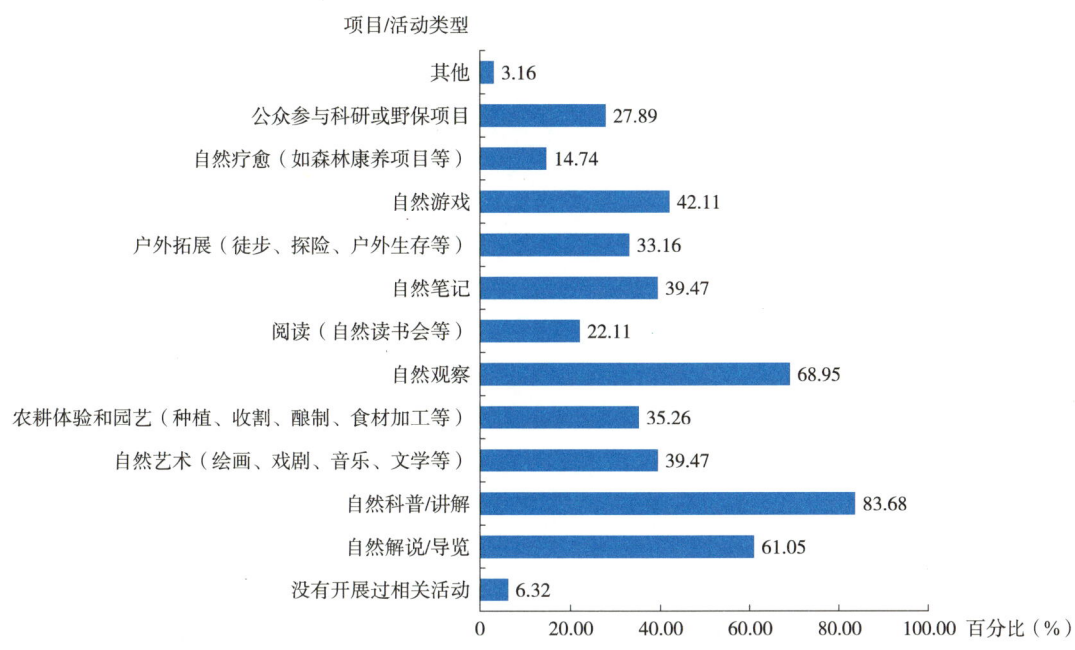

图 4-6　参与调研的自然教育基地（学校）开展自然教育的活动类型

4. 自然教育的次数与参与人次

参与调研的自然教育基地（学校）开展自然教育的方式的分析显示，受访基地开展自然教育的方式主要包括独立开展和合作开展两种。其中，87.23%的受访基地独立开展过自然教育活动，40.43%的受访基地独立开展过10次以上自然教育活动，占比较2019年提升了26个百分点；有85.11%的受访基地合作开展过自然教育活动，46.28%的受访基地合作开展过10次以下的自然教育活动。受访基地以独立开展自然教育的方式为主（图4-7、图4-8）。

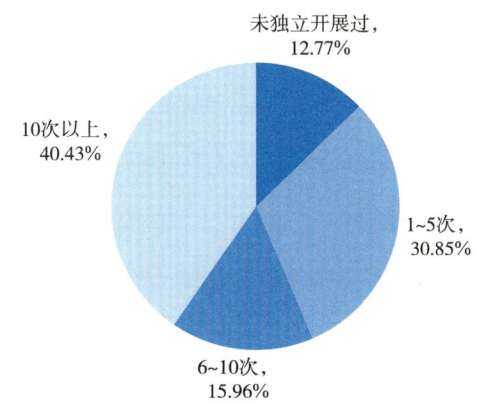

图 4-7　参与调研的自然教育基地（学校）独立开展自然教育的情况

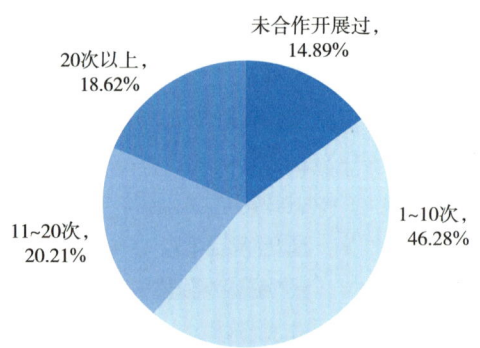

图 4-8　参与调研的自然教育基地（学校）合作开展自然教育的情况

不同类型的自然教育基地（学校）开展自然教育的方式也有所侧重，自然保护地中，自然公园的自然教育活动最活跃，其中，90%以上的自然保护区独立、合作开展过自然教育活动，且独立开展 1~5 次的自然保护区占比为 46.67%；80%以上的国家公园独立、合作开展过自然教育活动，且独立开展次数在 6~10 次的占比为 40%；受访的自然公园均有独立及合作开展自然教育活动的经验，且独立开展次数在 10 次以上的占比为 54.55%（图 4-9、图 4-10）。

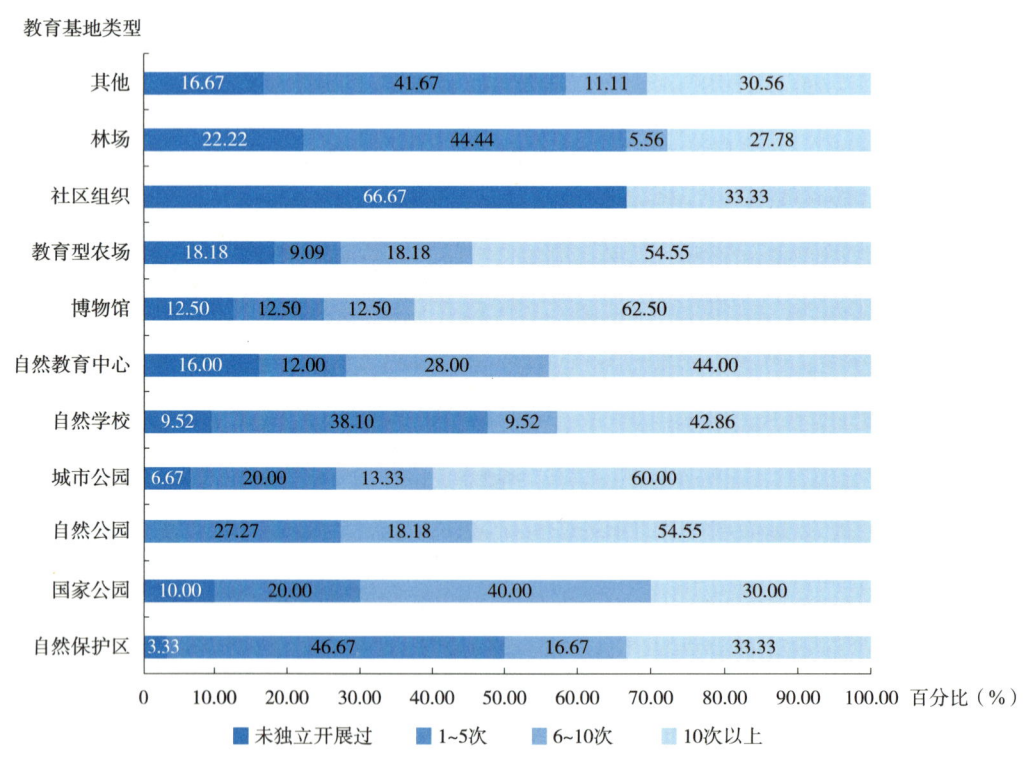

图 4-9　不同类型的自然教育基地（学校）开展自然教育的情况

第四章 专题研究——自然教育基地（学校） 63

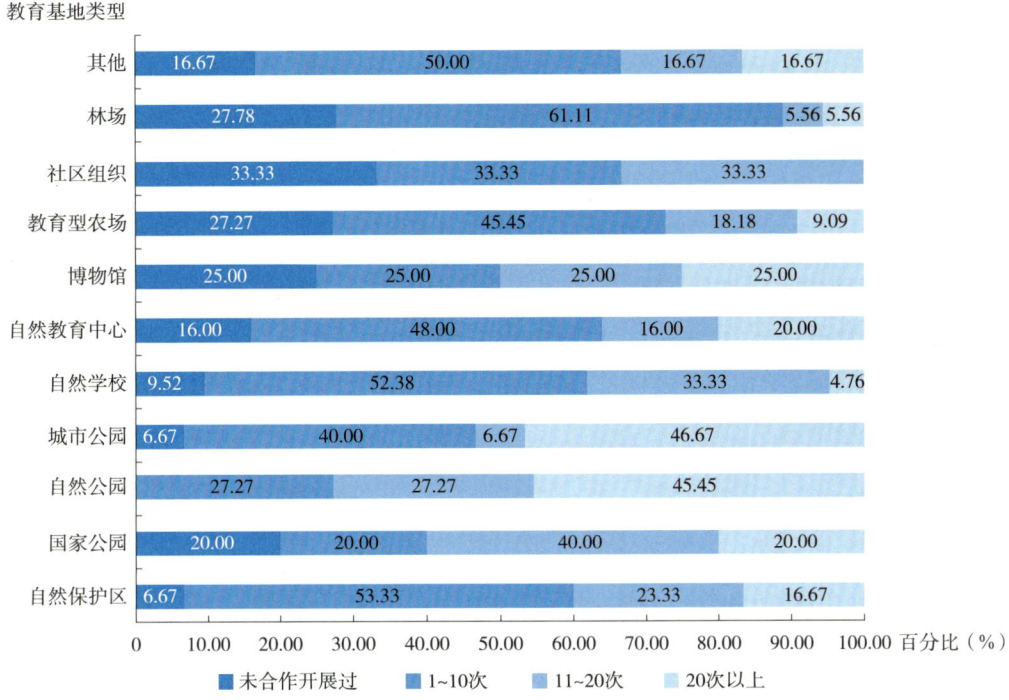

图 4-10 不同类型的自然教育基地（学校）合作开展自然教育的情况

参与调研的自然教育基地在自然教育参与人次方面的分析显示，82.98%的受访基地2022年开展自然教育活动的参与人次集中在5000人次以下，其中1000~5000人次（含）占比为19.15%，500~1000人次（含）占比为18.08%，100~500人次（含）占比为23.94%，100人次及以下占比为21.81%。相比2019年，自然教育参与人次达到10000人次以上的自然教育基地占比增加了4个百分点（图4-11）。

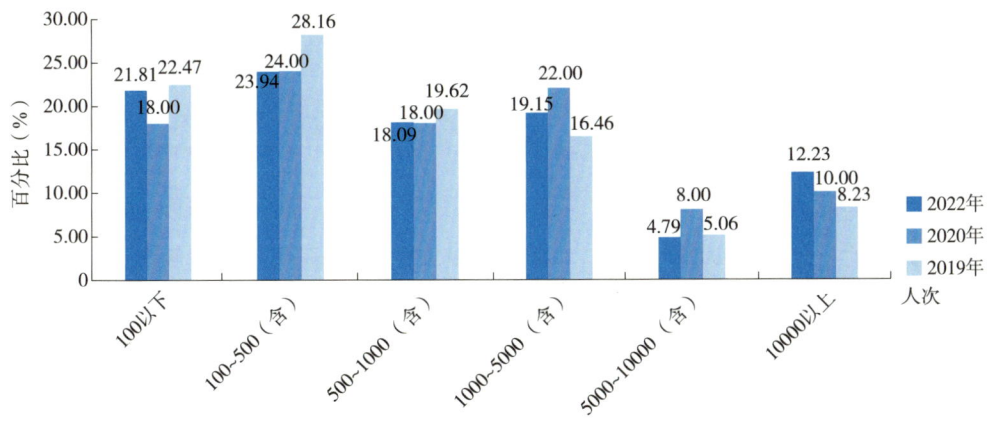

图 4-11 参与调研的自然教育基地（学校）自然教育活动的参与人次

三、自然教育基础设施

参与调研的自然教育基地（学校）开展自然教育的面积的分析显示，37.77%的受访基地开放了50%以上的面积用于开展自然教育活动，较2019年的8.00%有显著提升。这也与2019年调研主体中自然保护地占比较高有直接原因，因为以保护为主要目标的自然保护地通常只允许部分区域开展自然教育活动，而在2022年面积开放度达到50%以上的受访自然教育基地中，自然保护地占比16.90%。从自然保护地类型来看，自然保护区的开放程度较低，其次是国家公园，自然公园的开放度更高（图4-12、表4-4）。

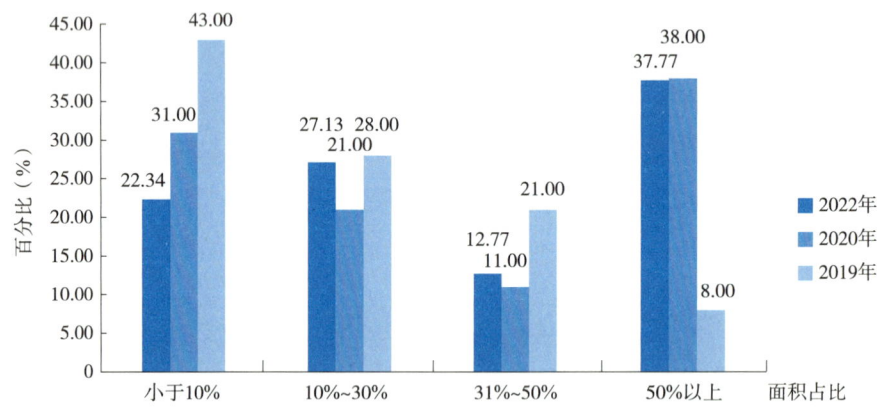

图4-12 参与调研的自然教育基地（学校）开展自然教育的面积占比

表4-4 自然保护地开展自然教育的面积开放度占比

选项	小计	国家公园	自然保护区	自然公园	自然保护地	自然保护地占比（%）
小于10%	42	1	12	4	17	40.48
10%~30%	51	4	7	2	13	25.49
31%~50%	24	3	6	0	9	37.50
50%以上	71	2	5	5	12	16.90
合计	188	10	30	11	51	27.13

参与调研的自然教育基地（学校）的硬件设施的分析显示，超过50%的受访自然教育基地拥有公共卫生间、休憩点、导览路线、自然教育径、博物馆、宣教馆、科普馆、自然教室等设施，其中，76.06%的受访基地拥有博物馆、宣教馆、科普馆、自然教室等设施；69.15%的受访基地拥有自然教育径，62.77%的受访自然教育基地拥有导览路线。受访基地有住宿就餐的接待设施的比例不足30%（图4-13）。

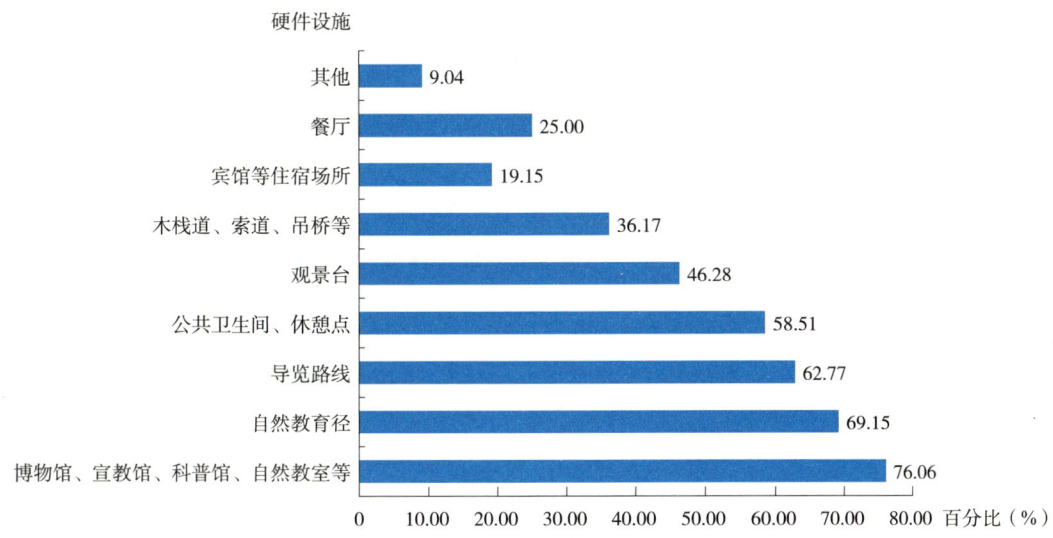

图 4-13　参与调研的自然教育基地（学校）自然教育相关硬件设施情况

四、资金情况

1. 成本与收益

参与调研的自然教育基地（学校）的经费投入方面的分析显示，38.83% 的受访基地在自然教育上的年投入资金在 30 万以上，较 2019 年增加了 22 个百分点，较 2020 年增长了 4 个百分点；32.45% 的受访基地年投入资金在 1~10 万，9.04% 的受访基地无投入（图 4-14）。

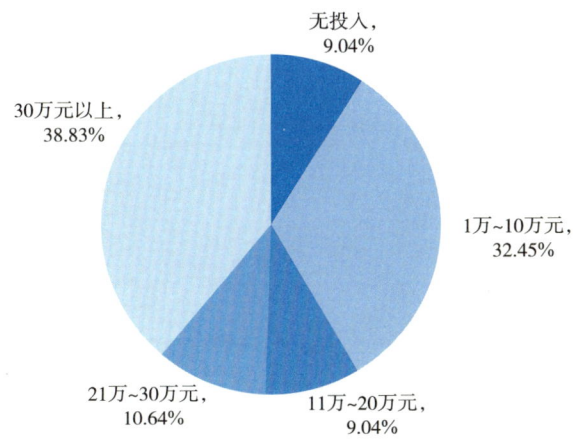

图 4-14　参与调研的自然教育基地（学校）在自然教育中投入的经费规模情况

不同类型的自然教育基地经费投入的规模比重也有所不同，其中，国家公园、自然公园、自然保护区等面积较大的、自然资源丰富的政府直属部门在自然教育中投入的经费较高，投入 30 万元以上的占比分别为 60.00%、72.73%、43.33%；自然学校、教育型农场、社区组织等以市场化运作为主的自然教育基地在自然教育中的投入经费较少，投入 1 万 ~10 万元的占比分别为 47.62%、54.55%、66.67%（表 4-5）。

表 4-5　不同类型的自然教育基地（学校）在自然教育中投入的经费占比情况

类型 / 投入	无投入	1 万 ~10 万元	11 万 ~20 万元	21 万 ~30 万元	30 万元以上	小计（频数）
自然保护区	6.67%	40.00%	3.33%	6.67%	43.33%	30
国家公园	10.00%	10.00%	0	20.00%	60.00%	10
自然公园	0	18.18%	9.09%	0	72.73%	11
城市公园	13.33%	20.00%	6.67%	13.33%	46.67%	15
自然学校	9.52%	47.62%	9.52%	14.29%	19.05%	21
自然教育中心	0	20.00%	16.00%	16.00%	48.00%	25
博物馆	0	50.00%	0	12.50%	37.50%	8
教育型农场	0	54.55%	0	9.09%	36.36%	11
社区组织	0	66.67%	33.33%	0	0	3
林场	22.22%	22.22%	5.56%	11.11%	38.89%	18
其他	16.67%	33.33%	16.67%	8.33%	25.00%	36

参与调研的自然教育基地获得收益方面的分析显示，60.64% 的受访基地中自然教育无收益，主要以公益类的自然保护地为主，提供的自然教育活动不以盈利为主要目的。12.77% 的受访基地收入达到 30 万元以上（图 4-15）。

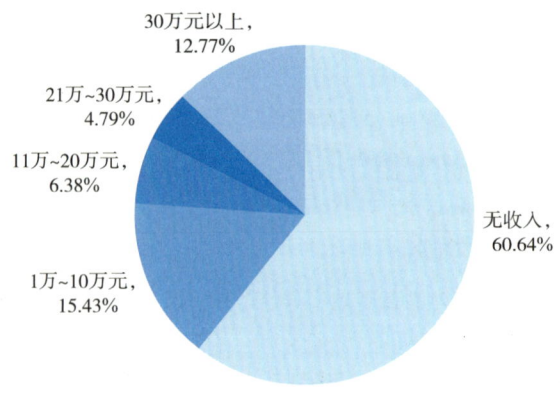

图 4-15　参与调研的自然教育基地（学校）通过自然教育获得的收益情况

2. 经费来源与使用

参与调研的自然教育基地（学校）经费来源的分析显示，45.21%的受访基地投入自然教育活动的来源为政府拨付资金，23.94%的受访基地自然教育活动的来源为自然教育活动自营性收入，20.74%的受访基地自然教育活动的来源为政府等专项资金申请。此外，15.43%的受访自然教育基地选择了其他，主要为单位自投（图4-16）。

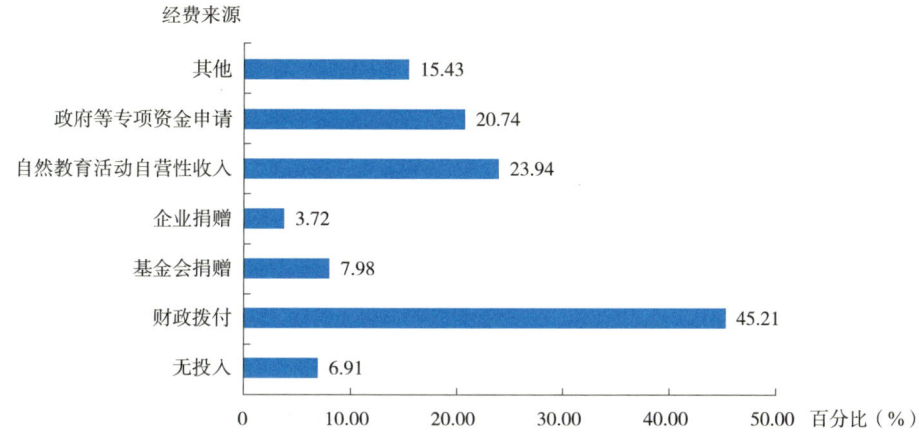

图4-16 参与调研的自然教育基地（学校）自然教育的经费来源

参与调研的自然教育基地（学校）经费支出的分析显示，47.87%的受访基地自然教育方面的经费主要用于场地提升，46.81%的受访基地自然教育方面的经费主要用于活动运营，39.89%的受访基地自然教育方面的经费主要用于课程开发，38.83%的受访基地自然教育方面的经费主要用于硬件设施购买建设。在教育人员聘请方面的投入，较2020年的占比下降了17个百分点，在人才方面的投入明显降低（图4-17）。

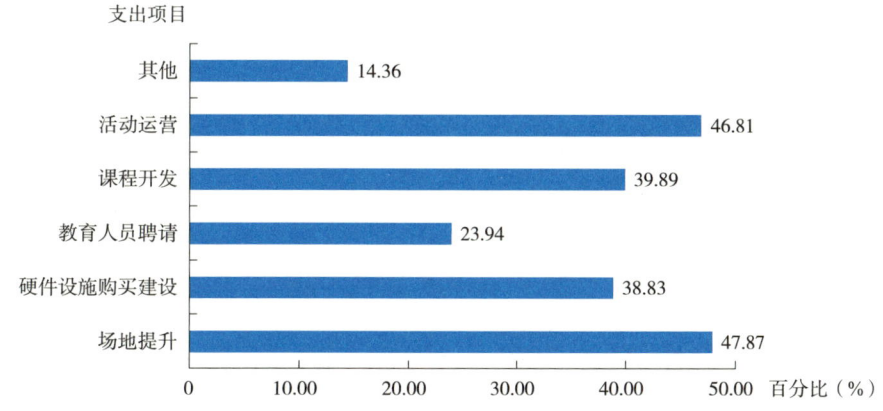

图4-17 参与调研的自然教育基地（学校）自然教育的费用支出项目

五、人员情况

1. 管理部门

参与调研的自然教育基地（学校）的自然教育管理架构的分析显示，40.43%的受访基地成立有专门的负责部门，其中，15.96%的受访基地的自然教育隶属于宣教科负责，有24.47%的受访基地专门成立自然教育科负责自然教育相关事宜。除此之外，有29.26%的受访基地没有特定科室负责，有30.32%的受访基地选择了其他选项，具体隶属部门包括项目部、森林公园管理科、教学部、资源部、科普部门、生态事业部、社会服务部、园林科、科技部门等（图4-18、表4-6）。

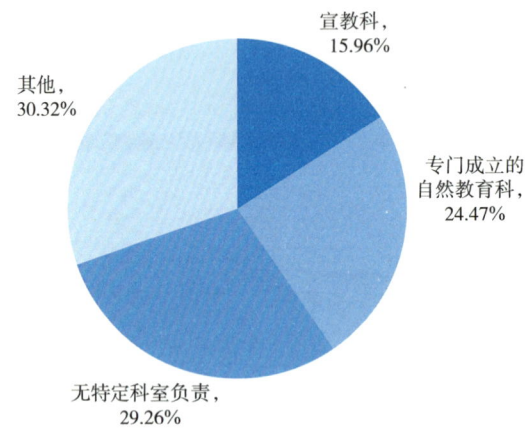

图4-18　参与调研的自然教育基地（学校）自然教育隶属部门情况

表4-6　不同类型的自然教育基地（学校）的自然教育所属部门情况

类型/所属部门	宣教科	专门成立的自然教育科	无特定科室负责	其他	基地数量
自然保护区	46.67%	23.33%	16.67%	13.33%	30
国家公园	20.00%	30.00%	30.00%	20.00%	10
自然公园	18.18%	27.27%	18.18%	36.36%	11
城市公园	26.67%	33.33%	20.00%	20.00%	15
自然学校	4.76%	28.57%	38.10%	28.57%	21
自然教育中心	4.00%	48.00%	24.00%	24.00%	25
博物馆	25.00%	12.50%	37.50%	25.00%	8
教育型农场	27.27%	18.18%	27.27%	27.27%	11

续表

类型/所属部门	宣教科	专门成立的自然教育科	无特定科室负责	其他	基地数量
社区组织	0	66.67%	33.33%	0	3
林场	0	11.11%	38.89%	50.00%	18
其他	2.78%	8.33%	38.89%	50.00%	36

2. 人员构成

参与调研的自然教育基地自然教育人员情况的分析显示，有 78.19% 的受访基地拥有专职自然教育人员，较 2019 年提升了 20 个百分点，较 2020 年降低了 5 个百分点。其中，47.34% 的受访基地有 1~5 名专职人员，较 2019 年增加了约 3 个百分点，较 2020 年减少了约 13 个百分点；17.55% 的受访基地有 10 名以上专职人员，较 2019 年增加了约 10 个百分点，较 2020 年增加了 6 个百分点（图 4-19）。

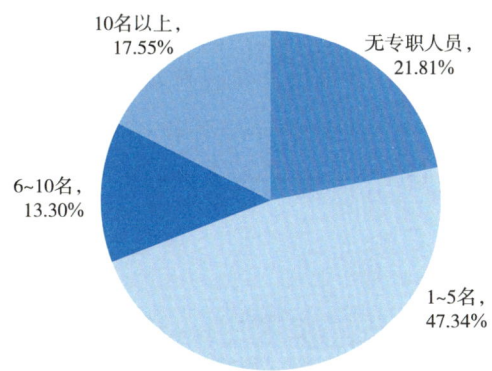

图 4-19　参与调研的自然教育基地（学校）自然教育人员情况

不同类型的受访基地在自然教育人才配备方面，总体专职化程度较高。其中，受访自然公园、自然教育中心和社区组织的专职化程度最高，达到了 100.00%；国家公园的专职化程度次之，为 90.00%；自然保护区专职化比例为 66.67%（表 4-7）。

表 4-7　不同类型的自然教育基地（学校）自然教育人员情况

类型/人员规模	无专职人员	1~5 名	6~10 名	10 名以上	小计
自然保护区	33.33%	43.33%	10.00%	13.33%	30
国家公园	10.00%	60.00%	10.00%	20.00%	10
自然公园	0	63.64%	18.18%	18.18%	11

续表

类型/人员规模	无专职人员	1~5 名	6~10 名	10 名以上	小计
城市公园	20.00%	53.33%	13.00%	13.00%	15
自然学校	23.81%	38.10%	9.52%	28.57%	21
自然教育中心	0	64.00%	20.00%	16.00%	25
博物馆	50.00%	12.50%	12.50%	25.00%	8
教育型农场	9.09%	54.55%	18.18%	18.18%	11
社区组织	0	100.00%	0	0	3
林场	27.78%	44.44%	16.67%	11.00%	18
其他	33.33%	36.11%	11.11%	19.00%	36

3. 能力培训

参与调研的自然教育基地自然教育人员能力需求方面的分析显示，课程设计能力、活动组织能力及解说能力依旧是受访自然教育基地自然教育人员普遍迫切需要的能力，分别达到了 5.97 分、5.18 分和 3.05 分（满分 6 分）；志愿者管理、安全与危机管理能力、后勤安排能力是排在最后三位的能力需求，得分分别为 1.26 分、1.15 分和 0.57 分（图 4-20）。

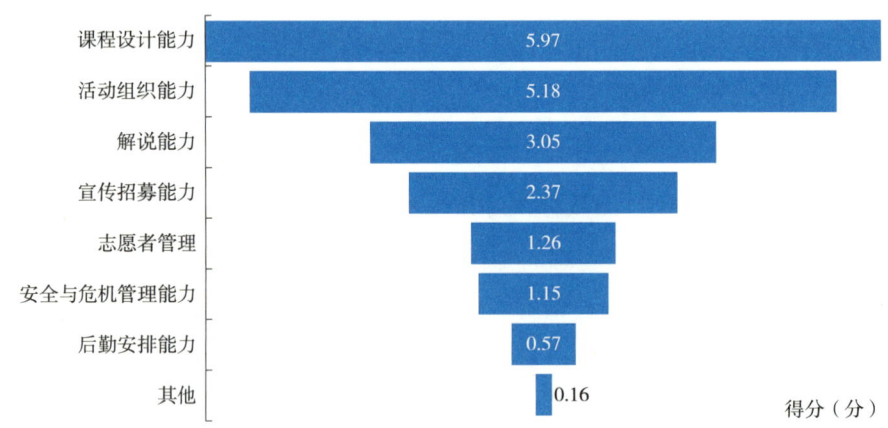

图 4-20　参与调研的自然教育基地（学校）自然教育人员的能力需求

受访自然教育基地提供自然教育人员能力建设的相关资源和途径主要有两个方面：一是借助外部资源的学习，56.91% 的受访自然教育基地通过安排员工参与主管部门或其他建设机构举办的自然教育培训来提升能力；54.26%的受访自然教育基地通过安排员工至其他单位进行参观、访问来培养能力；39.36%的受访自然教育基地聘请专家定期进行员工内部培训。二是利用内部资源实现相关人员的能力提升，51.60%的受访自然教育基地提供员工参与课程研发的机会；33.51%的受访自然教育基地安排资深员工辅导新员工，在实践中不断学习成长。除此之外，有13.30%的受访自然教育基地未开展过自然教育的相关培训（图4-21）。

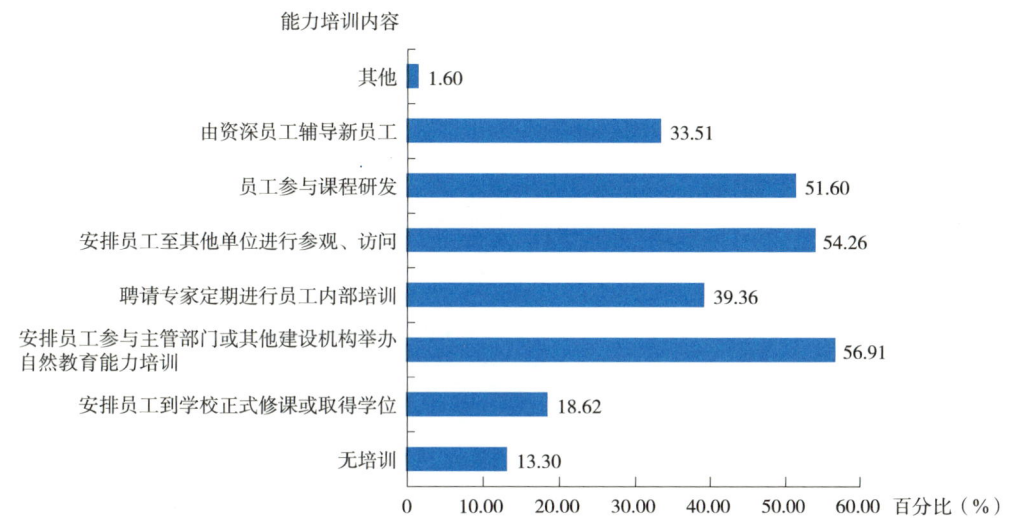

图4-21 参与调研的自然教育基地（学校）提供的自然教育能力建设途径

六、发展愿景

1. 支持期待

参与调研的自然教育基地需要的支持与期待方面的分析显示，受访的自然教育基地最需要的支持依旧是期待获得更多的相关经费（3.79分，满分6分），其次是专业的产品和活动设计（3.48分），再次是与运营管理团队的合作（2.96分），内部人才的培养在往年调研中是排在第二位的需求，属于制约自然教育领域发展的重要瓶颈，但2022年却排在第四位（图4-22）。在对政府支持的期待中，资金的支持排在了首位（4.84分，满分6分），其次是扶持政策制定（2.46分）和更多的政府项目释放（2.45分），对标准制定的需求排在最后（图4-23）。除此之外，在开放性的问题中，受访自然教育基地反馈目前的困难和挑战还包括市场定位及拓展能力不足、基础设施不够完善、服务同质化严重、公众认可度不高、缺乏交流学习等（图4-24）。

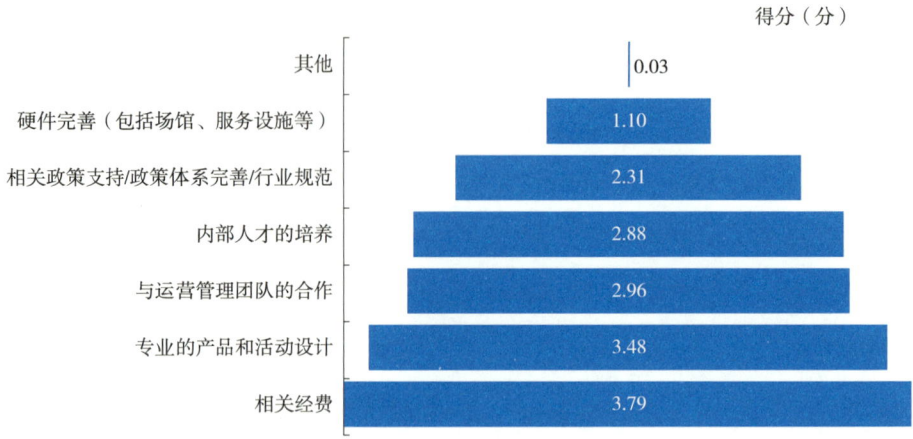

图 4-22 参与调研的自然教育基地（学校）在开展自然教育上需要的支持

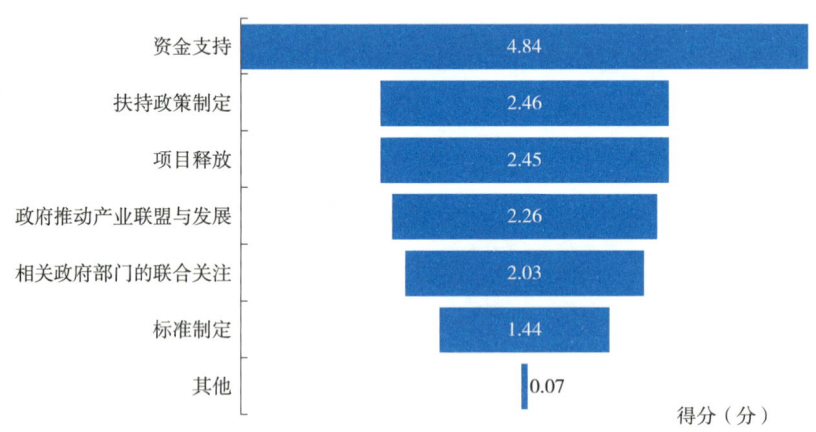

图 4-23 参与调研的自然教育基地（学校）期待获得的政府支持

图 4-24 参与调研的自然教育基地（学校）目前面临的困难和挑战

2. 合作期待

参与调研的自然教育基地的合作期待的分析显示，受访自然教育基地与多种机构开展过合作，其中，事业单位、政府部门及其直属机构，公益机构/非政府组织，注册公司或商业团体是目前受访自然教育基地开展合作最多的三类机构，占比分别为55.32%、38.83%、36.17%（图4-25）。对于期待的合作伙伴，受访自然教育基地更加期待正规、有资质的自然教育机构（81.38%），其次是有影响力的媒体（含自媒体）（58.51%）和中小学（50%）。

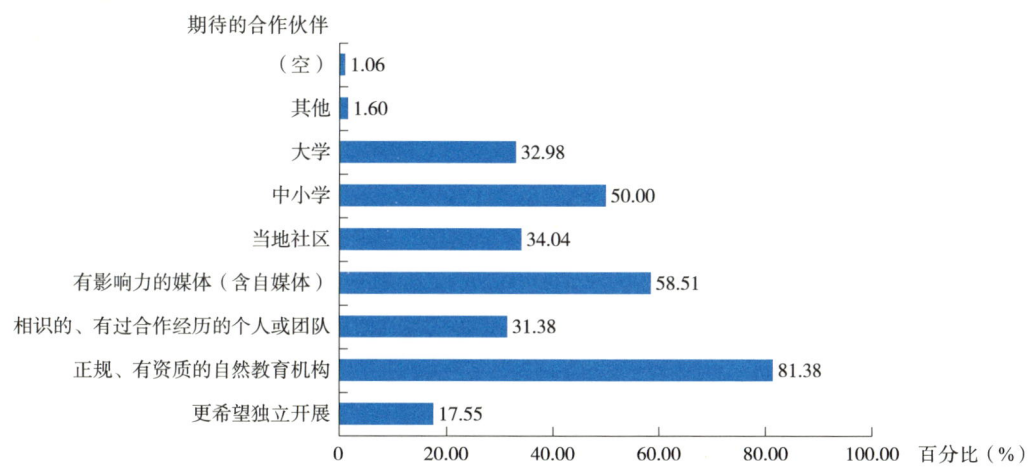

图4-25　参与调研的自然教育基地（学校）期待的合作伙伴

3. 未来规划

参与调研的自然教育基地未来规划的分析显示，有70.74%的受访基地将自然教育体现在了相应年份的总体规划中，将自然教育作为自然教育基地重要的工作内容来执行（表4-8）。受访自然教育基地未来1~3年在自然教育方面的工作计划主要包括路线和课程研发、建立课程体系（79.26%），基础建设（如自然教育基地建设）（64.36%），加强机构合作交流（59.57%），提高职工的相关能力（57.98%）。自然教育基地的工作内容慢慢从基础设施建设过渡到自身内容提升（图4-26）。

表4-8　受访自然教育基地（学校）自然教育在规划中的体现情况

是否体现在相应年份的总体规划中	小计	比例（%）
是	133	70.74
否	55	29.26
合计	188	100.00

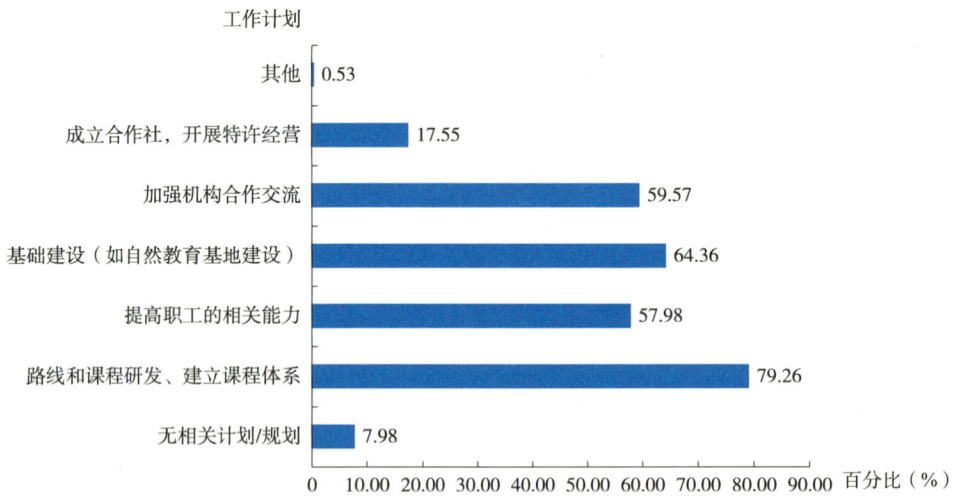

图 4-26　参与调研的自然教育基地（学校）未来 1~3 年的工作计划

第五章
发现和建议

第一节 调查发现

一、自然教育行业发展状况

1. 对全国的注册在运营合法机构进行多维度调查，广泛收集整理的自然教育机构数据总量为 15770 家，拥有自然教育机构最多的省份为广东

全国涉及自然教育业务的机构共 15770 家，来自全国 31 个省（自治区、直辖市）。其中，广东占比最高（2322 家，14.72%），其次是北京（2313 家，14.67%）、四川（1016 家，6.44%）。

2. 绝大部分自然教育机构属于第三产业，其中，自然教育机构数量最多的为第三产业中的科学研究和技术服务业，其次为租赁和商务服务业

大部分自然教育机构属于第三产业（14828 家，94.03%），少数自然教育机构属于第一产业（942 家，5.97%）。第三产业中，自然教育机构数量最多的为科学研究和技术服务业（3080 家，20.77%）、租赁和商务服务业（3076 家，20.74%），其次为批发和零售业（2281 家，15.38%）、文化、体育和娱乐业（1874 家，12.64%）、教育业（1418 家，9.56%）。

3. 全国自然教育机构的类型以民营企业为主，其次为个体户，两者总占比为 96.53%，这表明中国自然教育以民间为主要发展力量

民营企业占比为 92.89%，共 12468 家；其次占比最多的为个体户类型的机构，占比为 3.64%，共 489 家，两者总占比为 96.53%。

4. 超半数的机构年营收在100万元以下、人员规模在50人以下，自然教育机构以"小而美"的机构为主

在具有年营业额数据的自然教育机构中，年营收为100万元以下自然教育机构占比最高（7196家，53.66%），其次为年营收100万~500万元的自然教育机构（2707家，20.19%）。

5. 自然教育机构的注册数量在2014年开始呈现快速增长的趋势，新的自然教育机构不断涌现，2016年新增自然教育机构数量达到顶峰

超过七成的自然教育机构在近十年间注册。可以看出自然教育在2014年开始从萌芽期进入蓬勃发展期的新阶段。2019年后，新增自然教育机构数量开始递减。

超过七成的自然教育机构的存续时间为0~10年，其中，存续时间为6~10年的自然教育机构数量最多（5290家，36.53%），存续时间为0~5年的次之（5761家，33.54%）。此外，存续时间为11~15年的自然教育机构占比为13.60%（2144家），存续16~20年的自然教育机构占比为7.62%（1201家），存续21~25年的自然教育机构占比为4.12%（650家），存续26~30年的自然教育机构占比为1.29%（204家），存续30年以上的自然教育机构为2.92%（460家）。

二、自然教育机构特征

1. 新成立的自然教育机构较多，机构成立时间较短，以商业注册机构为主

36%的自然教育机构是近两年成立的，仅有11%的自然教育机构成立时间超过10年。在注册属性方面，70%的自然教育机构属于工商注册。在人员结构上，有46%的自然教育机构全职人数在3~5人，而兼职人数主要集中在3~10人，占比高达50%以上。在性别结构中，自然教育机构女性职员的数量在1~5人的占比超过70%。目前，自然教育行业仍处于发展初期，新成立的自然教育机构比较多，体现出行业的吸引力与发展潜力仍比较大，人员和资源的持续投入将为行业发展提供一定基础。

2. 自然教育活动场地以农场（40.00%）、自然保护区（32.86%）、湿地公园（32.86%）及综合公园（30.00%）为主

自然教育机构服务对象主要分为个体和团体两种类型，团体类型中，主要是小学学校团体（62.86%）和公众团体（48.52%）；个体类型中，主要是小学生（81.43%）与亲子家庭（70.00%），高中生与无公众个体客户占比最低。在提供的服务类型中，主要为提供自然教育活动（65.71%）和进行课程研发（65.71%），这也是大多数自然教育机构未来一

年的业务发展重点。另外，有 35.71% 机构承接其他的自然教育项目，包括乡村振兴相关项目、生态保育类型项目、调研项目等，可以看出自然教育机构的业务类型以活动及课程开发为主，但业务类型正往多元化道路上发展。

3. 自然教育机构提供的自然教育活动以自然观察、自然科普 / 讲解为主，常规课程费用为人民币 100~200 元 /（人·天）

与往年类似，参与调研的自然教育机构主要通过自然观察（77.14%）和自然科普 / 讲解（74.29%）的方式开展自然教育活动，采用自然游戏、农耕体验和园艺、户外拓展、保护地或公园自然解说 / 导览等方式的平均占比在 45%。在课程收费方面，37.14% 的受访机构 2022 年常规本地自然教育课程的收费标准为每人每天 100~200 元，也有约 1/3 的受访机构收费标准在每人每天 100 元以下或免费。在活动开展次数上，2022 年受访机构的年活动次数主要在 50 次以内（70%），相较 2021 年，在 10~30 次的比例有所增加，0~10 次的比例显著减少，0~50 次的活动次数占比整体较 2021 年略有降低。在客户复购率的方面，有近 40% 的受访机构的顾客复购率在 20%~40%，较 2021 年同比大幅度上升；复购率少于 20% 的受访机构比例与 2021 年占比类似，高复购率的比例也明显下降。

4. 行业整体的盈亏状况与前两年相比较为乐观

在课程费用上与 2021 年的行业发展调研结果基本一致，37.14% 的受访机构 2022 年在常规本地自然教育课程的收费标准为每人每天 100~200 元，在所有收费中占比最高。在收入来源方面，自然教育主要的收入来源为自然教育活动（74.29%），其次是财政拨款（22.86%）与提供其他服务（22.86%）。在盈亏状况方面，有近六成的受访机构处于盈利或盈亏平衡状态，与 2019 年的 58.10% 相比增加了 0.48%，基本恢复至疫情前的状况。有 17.14% 的机构处于亏损状态，报告亏损的机构比例比 2021 年、2020 年大幅下降，有约 25% 的机构表示不清楚今年盈利状况或不适用于其机构情况。总体而言，2022 年的自然教育机构盈利状况基本恢复至 2019 年的水平，比 2020 年与 2021 年的情况乐观。

5. 机构面临的主要挑战是人才与经费缺乏

64.29% 的受访机构都面临着缺乏人才的挑战，它是 21.43% 的受访机构所面临的首要挑战。此外，有超 1/3 的受访机构认为自己面临的最大挑战是缺乏经费。由于疫情的影响，机构无法正常运营，营收状况较差，经费缺乏。与 2021 年数据相比，这两个问题仍是行业目前所面临的最大挑战，缺乏人才的情况占比有所下降，但缺乏经费的情况占比显著提高。

6. 机构未来的规划以研发课程及提高商业能力为主，但风险管理方面仍有一定欠缺

未来一年的工作计划的调研结果与往年基本一致，受访机构的工作倾向排名第一的是研发课程、建立课程体系，其次是提高团队在自然教育专业的商业能力，接着是市场开拓。受访机构在未来计划中除了内部课程的研发，也更加注重商业运营能力的提高。然而，仅有5.72%的受访机构将安全管理的优化纳入机构最重要的三项计划中，虽比2021年调查结果占比高，但受访机构在安全意识风险预防方面仍有待提高。在资金注入、媒体宣传及服务对象的发掘方面需求较大，各地需求有所差异。

三、自然教育服务对象

1. 受访者以中青年已婚人士为主，性别分布较为均衡，大部分受过高等教育，家庭中孩子以在小学及以下阶段为主，已婚占比及已育占比较往年略有提升

受访公众中以中青年为主（54.06%），接受过本科及以上教育的比例为74.35%，一半左右的家庭月收入集中在人民币9000~29999元（55.00%），有70.16%的受访者已婚，较2021年多12.9%，27.20%为未婚，64.40%的受访者家庭拥有1个及以上的孩子，主要集中在小学（45.08%）及学龄前阶段（23.31%）。

2. 受访者普遍认为接触自然很重要，对孩子来说更重要。受访者对自然的了解程度，对自然、自然活动和健康的积极态度，对自然的重视程度均有所提升

大部分受访者认为自身对自然的了解程度处于中等偏上水平，对自然的了解程度平均分达到了7.17分，较2021年的6.91分有所增加；受访者对自然、自然活动和健康的态度总体比较积极，相比2021年调查结果，积极态度总体比重增加；对于大部分受访对象和他们的孩子来说，在自然中度过时光是很重要的，总评分分别为7.94分和8.5分，较2021年的7.79分和8.32分有所增加，说明受访者对自然教育的重视程度有所提高。

3. 公众对自然教育的了解程度逐渐增加，成人与儿童对自然教育活动类型的选择呈现高度一致性，相比往年儿童参与自然教育活动的年龄有所增大，过去一年中每个家庭在自然教育方面的消费集中在3000元以内

有63.36%的受访者认为自己比较或非常了解自然教育，与2021年相比，占比增加了8.19%，公众对自然教育的了解程度略有加深；95%以上的受访者及其孩子参加过自然教育活动，主要为自然科普/讲解、保护地或公园自然解说/导览、农耕体验和园艺，参与自然教育活动的孩子主要集中在幼儿园/学前班（39.20%）、小学1~3年级（43.80%）、小学4~6年级（33.70%），其中，小学4~6年级的占比较2021年增加了10.74%，相比往年儿童参与自然教育活动的年龄有所增大。在过去一年中，成人及其孩子参与自然教育活动的消费主要集中在人民币 500 元及以下、人民币 501~1000 元和人民币 1001~3000 元这 3 个区间，占比分别为 23.42%、21.67% 和 25.92%，并呈现"高低分化"的趋势。

4. 与往年调研结果相似，参与自然教育的利己型动机最高，其次是亲环境动机，亲社会动机最弱

在受访者参与自然教育活动的动机调研中发现，"加强人与自然的联系，建立对自然的尊重、珍惜和热爱"和"学习与自然相关的科学知识"等利己型动机和亲环境型动机最强，与往年相比，自然教育在人与自然、人与自我关系的倡导方面展现出来的吸引力有所加强，分别从第二位、第四位提升为第一位、第三位。而自然教育在人与他人的关系的倡导及价值呈现即亲社会动机方面还有待加强。

5. 与往年调研结果相似，公众参与自然教育的最大阻力是时间不够，其次是活动地点太远和对活动的安全性有顾虑

在参与自然教育活动的主要阻力的调研中，评分最高的阻力选项为时间不够：工作太忙或孩子的学业太忙，高达 6.97 分（满分为 11 分），其次是活动的地点太远（4.89 分）、对活动的安全性有顾虑（4.22 分）。和往年相比，阻力项变化不大，自然教育活动在阻力的解决方面成效不佳。

6. 自然教育活动的整体满意度较高，较往年有所提升

参与过自然教育活动的受访者对于自然教育活动的整体满意度较高，非常满意或比较满意的占比达到了 68.59%，较 2021 年提高了 8.04 个百分点，而比较不满意和非常不满意的人数占比只有 2.57%，较 2021 年降低了 5.1 个百分点。在具体满意度方面，受访者对自然教育活动中营造的良好社群氛围、课程效果、带队老师和参与者的互动、带队老师的专业性等方面的满意度较高，对后勤服务及行政管理、客户的后期维护的满意度较低，有较大的改善空间。受访者主要通过自然教育机构的自媒体（65.83%）与朋友和家人时介绍推荐（55.03%）获得自然教育活动的相关信息，另外还有超过四成的受访者是通过孩子的学校获得相关信息，因此如何打通学校的渠道是未来可以发力的方向。

7. 儿童/学生自然教育活动的预期价格低于成人活动的预期价格，一、二线城市对活动的预期价格相仿，一线城市及户外活动活跃者在高的消费金额投入占比更高

77.19% 受访者期待成人活动的价格在 100~500 元/（人·天），一半以上的受访者认为针对儿童/学生的自然教育活动价格应该在 200 元/（人·天）以内，一、二线城市对于期待的自然教育活动价格总体走向相仿。在未来 12 个月计划投入的消费金额方面，有 67.56% 的受访者有意向投入的消费金额为 3000 元以内，相比二线城市，一线城市在高的消费金额投入占比更高。相比户外活动不活跃的受访者，活跃的受访者在高的消费金额投入占比更高。

8. 受访公众预期未来参加自然教育活动的可能性略有上升，参与频次持续降低

有 77.20% 的受访者未来 12 个月内有可能参与自然教育活动，受访者更倾向于未来 12 个月内，每个季度 1 次（26.44%）或每个月 1 次（23.98%）参加自然教育活动；在选择自然教育课程时，受访者更加看重活动/课程是否对孩子成长有益（34.23%），其次是课程主题和内容设计（26.96%）、导师或领队老师的素质和专业性（25.12%）。由此可见，公众更加注重课程/活动内容本身，对自然教育导师的依赖度较高。

四、自然教育基地（学校）

1. 增长特征

自然教育基地（学校）的增长契合自然教育领域的发展规律，目前正处于蓬勃发展阶段，疫情期间对自然教育基地的增长态势略有影响但恢复迅速。

受访的自然教育基地（188 家）来自全国 22 个省（自治区、直辖市），其中，自然保护区（15.96%）、自然教育中心（13.30%）、自然学校（11.17%）的占比较高。受访基地对自然教育的探索最早可追溯到 1982 年，自然教育 2009—2013 年开始萌芽，2013 年蓬勃发展，自然教育基地（学校）的数量呈现跳跃式发展，增长速度于 2019 年达到高峰，2020 年短暂的降低后迅速恢复。疫情对自然教育基地（学校）略有影响，但与其他自然教育机构相比，影响较低。

2. 业务特征

自然教育基地的服务主要是针对小学生开展自然科普/讲解、自然观察、自然解说/导览，每年提供的服务人数集中在 5000 人次以下，服务对象年龄前置趋势明显，范围更广泛，方式更多元，服务人次有所提升。

受访自然教育基地主要服务对象依次为小学生（非亲子）（68.95%）、亲子家庭（46.84%）、初中生（39.47%），其中，2022 年学龄前儿童的比重较 2019 年增长近 12 个百分点，2022 年周边社区居民比重较 2019 年降低近 37 个百分点，服务对象的年龄范围前置趋势明显，服务范围没有地域限制，辐射的范围更广。服务内容主要包括自然科普/讲解（83.68%）、自然观察（68.95%）、自然解说/导览（61.05%），服务方式主要包括独立开展（87.23%）和合作开展（85.11%）。82.98%的受访基地服务人次在5000人次以下。

3. 场域特征

绝大部分自然教育基地拥有完善的基础设施来开展自然教育，近四成的自然教育基地开放50%以上的面积来开展自然教育活动，从自然保护地类型看，自然保护区的开放程度较低，其次是国家公园，自然公园的开放度更高。

4. 人员特征

自然教育的管理部门呈多元化、个性化发展，人员往更专业的方向发展，自然保护地的人员专职化程度更高。

40.43%的受访基地有专门的部门负责自然教育，除了宣教科及自然教育科外，29.26%的受访基地的自然教育没有特定部门负责。78.19%的受访基地拥有专职自然教育人员，主要规模集中在1~5人（47.34%），受访的自然公园专职化程度最高，达到了100.00%；国家公园的专职化程度次之，为90.00%；自然保护区专职化比例约为66.67%。

5. 运营特征

资金来源以政府财政拨付为主，来源稳定，主要用于场地提升、活动运营等方面的支出，在人员聘请方面的支出比重较2020年有所降低。

39.83%的受访基地在自然教育的年投入资金在30万元以上，主要以国家公园、自然公园、自然保护区等面积较大、自然资源丰富的政府及其直属部门为主；主要经费来源为财政拨付（45.21%）和自然教育活动自营性收入（23.94%），但60.64%的受访基地在自然教育方面无收益；主要资金支出用于场地提升（47.87%）、活动运营（46.81%）、课程开发（39.89%）以及硬件上设施购买建设（38.83%）。在教育人员聘请投入方面，较2020年占比下降了17个百分点，在人才方面的投入明显降低。

第二节 自然教育行业发展态势

一、发展格局初步形成

2022年是加速实现可持续发展目标的关键一年。新冠疫情全球大流行仍在蔓延，人类社会的发展在充满不确定性的国际局势中变得更加复杂。正如联合国大会所指出的那样，世界正处于关键的"分水岭"时刻，我们需要运用包括教育在内的各种变革性方案来应对相互交织的挑战，确保人类和地球的福祉。

2022年是中国共产党的二十大胜利召开之年，是为未来规划蓝图的关键之年，也是"十四五"规划落地实施的关键之年。在这承前启后、继往开来的一年中，人们深刻地感受到，中国生态文明建设进入了促进经济社会发展全面绿色转型、实现生态环境质量改善由量变到质变的关键时期。

与疫情前自然教育的情况相比，2022年自然教育事业正在发生深刻转型，面貌正在发生格局性变化，为"十四五"时期开启自然教育高质量发展的新征程奠定了坚实基础。站在人与自然和谐共生的高度，回眸中国自然教育2021年以来的成绩，越发可以看到中国自然教育砥砺前行，迈向未来的坚实脚步。

首先，中国自然教育的制度空间得到进一步拓展。相关政策是自然教育行业环境持续改善，发展平台不断强化的重要保障。2022年，国家有关部委在生物多样性保护、湿地保护、基础教育课程改革、国家公园建设、生态农场建设、文化产业赋能乡村振兴、户外运动和露营休闲旅游发展等多个与自然教育密切相关的领域密集出台了一系列重要的政策文件。特别是教育部印发《义务教育课程方案和课程标准（2022年版）》，进一步凸显义务教育阶段创新性和实践性的课程目标，强调在情境中运用和解决问题的能力，并且将劳动课从综合实践活动课程中独立出来，正式列为中小学的独立课程，从而为自然教育进入正规教育体系提供了可靠的支架和可能的抓手。这些政策举措为扩大自然教育的开展范围、健全自然教育的制度体系、推进自然教育的纵深发展提供了有力的政策支点，为自然教育进一步高质量发展展现了广阔的发展空间。

其次，中国自然教育的规范发展得到进一步强化。规范化是自然教育行业基础持续稳固，发展动力不断增强的根本方向。2022年，继前期各类组织发布的多项自然教育人才、场域、课程和服务等团体标准后，国家林业和草原局发布了首个行业标准——《自然教育指南》规定了自然教育的资源、对象、目标、主题、内容、设施、人员和监测评估的实施要求。此外，中国林学会发布《自然教育师规范》团体标准，广东省林学会发布《自然教育基地建设指引》等4项团体标准，四川省生态文明促进会发布《自然教育导师专业标准》等3项团体标准，陕西、贵州等省相继印发自然教育发展规划。不同地方和层次的多项规划、标准，逐渐发挥规制自然教育边界、保证自然教育质量、提升自然教育水平、支撑自然教育服务、引领自然教育发展等多重作用，为自然教育进一步高质量发展确立了长远的发展格局。

再次，中国自然教育的社会美誉度得到进一步提升。自然教育承担着积极引导公众特别是青少年牢固树立生态文明观的社会责任，是提高国民科学素质、影响公众参与生态环保事业的重要力量，是向世界展示人与自然和谐共生的中国式现代化的重要窗口，已经初步形成了可圈可点的"亮点"，进一步推动社会大众了解自然教育、参与自然教育、支持自然教育。2022年中国自然教育大会和全国自然教育论坛相继成功举办，标志着全国性的"双会"已经成为中国自然教育展示和集结力量的重要平台。中国大陆3个湿地教育中心入选在武汉召开的《湿地公约》第十四届缔约方大会（COP14）颁布的全球首批23家"湿地教育中心星级奖"（WLI Star Wetland Centre Awards）获奖名单，标志着中国自然教育的专业能力已经赢得了国际社会的认同。中国自然教育在国内持续凝聚力量，在国际逐渐展现力量，使社会大众的认知、接受和积极评价不断提高，为自然教育进一步高质量发展打开了积极的发展局面。

最后，中国自然教育的资源供给水平得到进一步提升。以国家公园为主体的自然保护地体系的加快构建、40个青少年自然教育绿色营地、第一批全国科普教育基地亮相等一系列措施落地，有效地增加了自然教育领域的资源供给，提升了自然教育行业的服务能力，缓解了人民群众日益增长的需求和优质自然教育资源短缺之间的矛盾，为自然教育进一步高质量发展提供了有力的发展支撑。

但是，整体来看，2022年自然教育的发展仍然存在挑战。首先是理论缺失导致的实践混沌仍然有待厘清。自然教育的基本概念、基本特征、主要内容、主要领域仍然缺乏充分的理论讨论和深入的理论认识，针对中国自然教育的基本问题、价值理念目前尚缺乏普遍共识，没有可依托的理论体系，导致实践中行业发展边界缺失，主体不清晰，行为不规范，人力资源引、留、管、用存在很大困难。其次是政策利好转化为现实动力仍然存在较大不平衡。目前，广东、江西、福建、黑龙江、湖北、湖南、陕西等省相继推出省域自然教育指导意见和工作方案，全面推动自然教育工作的开展，但总体上全国大部分地区的政策回应不显著，尚缺乏必要的制度安排，政策实效性需持续加强。最后是跨界融合形成的发展格局仍然需要进一步巩固。经过前期的快速发展，中国自然教育形成了具有一定规模，地理分布广泛，参与主体多样，以林草系统为"排头兵"，生态环境、自然资源、乡村振兴、教育、文旅、体育等部门"分列式"的发展格局。融合发展是中国自然教育长远发展的必由之路，需要进一步扩展行业领域，丰富参与主体，创新活动形式，更加紧密地与国家战略需求结合起来，促进自然教育更好发展。

二、发展基础仍需夯实

展望未来一年中国自然教育的发展，从国际和历史经验来看，应当从以下方面为自然教育高质量发展打好基础。

首先是加强基础研究和调查，为摸清中国自然教育的"家底"奠定基础。全面摸清中国自然教育状况，掌握真实准确的自然教育基础数据，是制定自然教育战略、规划和政策的重要基础，是自然教育高质量发展的重要支撑。尽管中国自然教育从行业发展的角度多次实施了从业机构、从业人员、服务对象等方面的调查，力图对中国自然教育的状况做出全景式的刻画，但受到理论薄弱、手段局限、资金不足等多重因素的限制，以往的调查仍然缺乏代表性和全面性，无法满足自然教育未来发展的需要。中国自然教育亟须改进调查研究工作，从工作方法、工作流程、信息采集、数据汇总途径、统计分析、成果表达方式等环节总结经验，创新模式，形成很好的技术路线、调查方法和工作模式，为全面部署实施调查而获得可靠的基础数据做好准备、夯实基础。

其次是加强标准规范体系建设，为促进中国自然教育专业化奠定基础。专业化是社会分工的产物，是社会进步的标志。自然教育的健康发展离不开自然教育机构专业化、队伍专业化、内容专业化和管理专业化，而专业化的重要基础则是标准化、规范化。尽管目前自然教育在标准建设方面已经起步，但依然存在着标准覆盖面不全，数量不足，层级不高，公正性、权威性和科学性需要进一步提高等问题。中国自然教育亟须大力推动标准体系建设，在完善地方标准，推进国家标准，强化配套标准等方面持续用力，满足自然教育高质量发展对标准规范的紧迫需求。

最后是加强相关领域协调联动，为建立中国自然教育可持续发展的"生态"奠定基础。打造一个深度关联、跨界融合、开放协同、利他共生的生态系统，是自然教育行稳致远的基础和体现，是自然教育持续进步的关键和支撑。目前，中国自然教育的推动和参与力量呈现出多元化面貌，竞合互补的格局已经初步形成，但远未能达成有效的融合互补。高质量的自然教育依赖于一流的行业生态。中国自然教育亟须秉承系统观念和战略思维，推进政府相关部门、民间组织和机构、从业者个体等利益相关方共同应对挑战，解决问题，协同用力，建立有效的运行系统、动力系统和保障系统，促进自然教育持续健康地发展。

第三节 政策和行动建议

"稳定的资金来源""有公信力的行业标准""专业化的人才队伍"是当前中国自然教

育行业可持续发展的重点，也是急需解决的难点。稳定的资金来源是自然教育行业持续发展的保障，有公信力的行业标准是自然教育行业健康发展的基石，专业化的人才队伍是自然教育行业良好发展的动力。这三方面因素都对自然教育行业不断发展完善十分重要。因此，自然教育行业的未来需要国家相关部门、民间组织、机构个人等主体合力来实现，需要以政策的形式来明确指引、支持和保障。基于前文的分析和讨论，可以为中国自然教育发展提出如下政策和行动建议。

一、政策建议

1. 均衡区域分布，优化城乡布局，提高自然教育机构在全国的覆盖率

首先，在区域分布方面，采取"精准开发＋重点挖掘"的措施。宁夏、西藏、新疆、澳门、香港和台湾等地区根据实际条件有选择地进行开发，避免为了开发而盲目开发。在综合研判其自然地理条件、人员条件、硬件设施条件等情况下，建设自然教育机构，确保新建自然教育机构成长和壮大的可能性。广东、四川等具有地方优势的地区，可以重点挖掘其地方知识和文化，地方独特的自然条件和丰富的环境资源，设立新的自然教育机构，完善已有的自然教育机构，形成品牌效应。其次，在城乡布局方面，充分利用乡村的自然资源优势，开办乡村自然教育机构。乡村文化体验、生活体验等具有较大的开发价值，可以结合国家对乡村的政策布局和支持来推进。最后，在城市里，也要善于利用社区资源，探索建立微型自然教育机构。社区是不容忽视的小单元，具有满足"一间教室、一支自然教育志愿教师队伍和一套自然教育课程"的可能性。社区自然教育机构设立在社区中，有利于扩大自然教育机构的宣传面，增加民众对自然教育机构的知晓度，增加城市儿童青少年和成年人参与自然教育机构各项活动的机会。总之，尽可能地提高自然教育机构的数量，努力丰富自然教育机构的类型，为民众提供具有情境性和实践性的自然学习体验。

2. 提升经营质量，建立不同机构的伙伴关系，向特色联盟方向发展

首先，自然教育机构一经设立，要在课程开发、人才培养、内部管理等方面狠下功夫，形成和稳固自身的优势，在激烈的竞争中寻得一席之地。每个自然教育机构都是独立的个体，可以基于所在地的自然资源、人文风俗等，在课程开发中努力创新，形成自己的特色课程；学习先进的人才培养经验，结合本地实际，提高从业人员的整体素质；增加与其他自然教育机构的沟通与交流，学习良好的管理经验。其次，机构的发展还需要以联盟的形式，互学互助，相互交流，共同进步。联盟的类型可以有多种形式，可以建立地区联

盟，讨论本地区的自然教育机构的发展，形成地方特色；自然保护区、国家公园等类型的自然教育机构也可分别联盟，讨论本类型下如何行动；不同注册主体的自然教育机构也可以建立伙伴关系，相互取经，为本主体的发展壮大而努力。总之，自然教育机构在提升自己实力的同时，积极与其他机构建立多元的伙伴关系，并进行沟通和交流，取长补短。

3. 优化人才结构，促进自然教育行业产、学、研、用一体化体系建设

人才是自然教育行业可持续发展的重要力量。首先，应优化人员结构，合理布局正式人员、志愿者和实习生的结构。一方面需要在福利、培训、薪资等方面采取措施，降低核心人才的流失率，提高这些人才的企业忠诚度，使自然教育机构需要的、熟悉该学校情况的人才能够长期留下来，为自然教育机构的发展出谋划策。另一方面，自然教育机构可以根据需要提供充足实习岗位，吸收和建立稳定的志愿者群体，让更多对自然教育机构感兴趣的人员可以有机会体验和观摩，为这些人员转入正式员工轨道打下基础，有利于自然教育机构筛选出潜在的人才，从而进一步对其进行培养培训。其次，在人才培养模式上下功夫，促进"产学研用"协同发展。自然教育机构本身就是人才培养的大本营，从业者在自然教育机构的日常运营中吸收知识，培养不同的技能。从业者还会在自然教育机构提供的培训中，学习到广泛的知识，提升自己的能力。最后，自然教育机构可以联合高校科研院所，进行人才培养的研究和课程的开发等，可以将研究成果用于实际中，得到良好的转化，为自然教育机构的发展助力。因此，自然教育机构领域要做好从业人员的"纳新＋留存"，培养高素质复合型人才。

4. 完善政策体系，提供充分有效的自然教育行业政策支撑

第一，建议相关部门在制定、完善和明确相关政策时关注自然教育的发展，持续支持并指引自然教育行业的发展方向。首先，把自然教育行业的发展纳入自然教育、环境教育等类型教育的实施规划之中，形成联动效应，发挥自然教育的育人价值。其次，利用大众媒体等平台，大力宣传自然教育的自然环境、品牌课程和教学效果等，营造良好的发展氛围。再次，引导自然教育在"乡村振兴""双碳"目标实现等国家重大战略中发挥应有的作用，凸显自然教育为社会服务的功能，提升自然教育机构的社会认可度。从次，建立自然教育的评价指标体系，在机构认证、人员资格准入等方面统一标准。最后，以企业税收优惠等方式吸纳社会资本投入，促进自然教育行业与企业合作，扩充资金来源，扩大收入渠道。

第二，建议设立有关自然教育的激励机制，使多种主体能够积极参与自然教育机构

方面的建设和发展工作。首先，从自然教育的经费投入中划分出研究用途部分，专门用于自然教育研究，鼓励研究者和从业者结对，开展相关的长期研究。其次，将自然教育机构开发的优质课程纳入国家精品课程建设中，鼓励在中国大学MOOC慕课、爱课程等平台增设自然教育专门栏目，来宣传和推广课程。再次，在高校的教学活动中，可以增加自然教育机构实习的学分认证，鼓励学生到自然教育机构参加志愿服务。最后，将自然教育机构作为生态文明教育的重要开展基地，倡导社会层面加大宣传力度和设立奖励政策，鼓励民众了解、参加和支持自然教育机构的发展。

第三，建议设计多元的运作平台和支持体系，促进自然教育领域高效健康发展。首先，在我国自然教育、环境教育等相关的组织中下设专门的自然教育部门，专注于自然教育的发展。其次，定期举办自然教育领域的国际交流会，与日本和美国等有经验国家的同业者进行对话，汲取经验。再次，在自然教育、环境教育等相关领域的学术刊物中，增设或者侧重自然教育有关主题的征稿。再次，成立"自然教育基金会"，致力于吸引社会层面的多种经费和调度经费的合理使用。最后，在一线人员、高校科研院所、国际专家等来源中精挑细选，组织"自然教育专家顾问"队伍，为自然教育的发展提供学术支撑。

二、行动建议

1. 对林业部门

（1）短期工作建议

①加强生态保护意识培养：通过组织多样化的培训和宣传活动，提高林业从业人员的生态保护意识，促进生态系统的健康发展。

②推动林业旅游发展：制定并执行林业旅游发展工作建议，整合资源，打造生态旅游线路和景区，提供丰富的自然教育体验。

（2）中期工作建议

①推动林业教育改革：加强林业专业课程的改革，注重培养学生的环境保护和可持续发展意识，提高林业从业人员的素质。

②支持林业科技创新：加大对林业科技创新的投入，推动数字化和智能化技术在林业教育中的应用，提高教育效果和效率。

③推动林业产业升级：引导林业产业向高附加值和可持续发展方向转型，提升林业产业的竞争力，释放林业资源的自然教育活力。

2. 对文旅部门

(1) 短期工作建议

① 强化自然景区管理：加强对自然景区的保护和管理，建立科学的游客容量控制机制，平衡游客需求与自然环境的保护。

② 开展自然教育推广活动：组织多样化的自然教育活动，如生态讲座、导览解说、户外探索等，提高公众对自然环境的认知。

(2) 中期工作建议

①构建自然教育资源网络：与教育及林业有关部门等合作，建立自然教育资源共享平台，促进资源共享和互动，提高自然教育的覆盖面和质量。

②发展生态旅游产业：为生态旅游企业和从业者提供培训和政策支持，推动生态旅游与自然教育相结合，打造特色生态旅游产品。

3. 对教育部门

(1) 短期工作建议

①完善自然教育课程体系：制定并推行全面覆盖的自然教育课程体系，培养学生的环境意识和科学素养。

②提供师资培训：加大对教师进行自然教育相关理念、知识和技能培训的投入，提高教师的自然教育能力。

(2) 中期工作建议

①推进学校与自然教育从业机构合作：鼓励学校与自然教育从业机构建立长期合作关系，开展共同的项目和活动，提供学生参与自然教育的机会。

②推动跨学科教育：鼓励自然教育与其他学科的融合，开展跨学科的自然教育活动，提高学生的综合素养和创新能力。

③拓展自然教育场域：鼓励为农村孩子提供优质的自然教育课程，在小规模学校实施在地化自然教育，在推动学生全面发展的同时挖掘乡村资源教育价值，厚培乡村振兴的土壤。另外，鼓励自然教育与高等教育的结合和渗透，在大学课堂内外设计、实施自然教育。

4. 对综合部门

(1) 短期工作建议

①促进自然教育资源整合：加强与相关部门、社区组织、企业等的合作，整合自然教

育资源，提供更多丰富多样的自然教育活动和场所。建立自然教育资源共享平台，促进资源共享和交流，提高资源利用效率。

②扶持自然教育从业机构：提供财政支持和税收优惠政策，鼓励自然教育从业机构创新发展、提高服务质量。提供专业培训和指导，帮助自然教育从业机构提升管理水平和教育能力。

（2）中期工作建议

①制定自然教育发展规划：研究制定自然教育发展工作建议，明确发展目标和重点领域，推动自然教育的发展和创新。

②提供政策支持和激励措施：制定相应的政策支持和激励措施，鼓励自然教育的发展，推动经济复苏和可持续发展的有机结合。

③强化国际交流与合作：加强与国际自然教育机构的交流与合作，借鉴国际先进经验和教育模式，推动中国自然教育的国际交流，提升中国自然教育的影响力。组织国际性的自然教育会议、研讨会等活动，促进学术交流和合作，提高中国自然教育的国际知名度和影响力。

④加强评估与监测：建立完善的自然教育评估和监测体系，定期评估自然教育活动的效果和影响，为政策制定和决策提供科学依据。推动全国性的自然教育质量认证体系的建立，建设一批优质的自然教育示范基地，提高自然教育服务的标准化和专业化水平。

5. 对自然教育从业机构的建议

（1）短期工作建议

①提供多元化教育产品和服务：开发多样化的自然教育课程和活动，以满足不同年龄段和需求的客户。提供定制化的服务，如企业培训、学校合作项目等，拓展市场和增加收入来源。加强自然教育研究和创新能力的培养，定期组织自然教育教研活动，推动自然教育课程和教学实践的持续创新。

②加强品牌建设和市场推广：建立独特的品牌形象，突出自身优势和特色，提升知名度和影响力。制定有效的市场推广策略，包括线上线下宣传、社交媒体营销、口碑传播等，扩大客户群体和市场份额。

③建立合作与联盟关系：与相关行业、机构和组织建立合作关系，共同开展项目和活动，整合资源，提升综合实力。参与行业协会和专业组织，加强同行业从业机构之间的交流和合作，共同推动自然教育的可持续发展。

（2）中期工作建议

①建立稳定的经营模式：建立健全的管理体系和运营机制，提高工作效率和资源利用效率。制定长远发展的工作建议，包括市场拓展、财务管理、人才培养等方面，确保可持续的经营和发展。

②提升教育质量和创新能力：注重师资队伍建设，加强教师培训和发展，提高教学水平和专业素养。鼓励创新教学方法和内容，结合虚拟现实、人工智能等新技术手段，提供更具吸引力和有效性的教育体验。

③加强社会责任和公益性：开展公益性项目和活动，为贫困地区和弱势群体提供自然教育服务。积极参与环境保护和生态保护行动，倡导可持续发展理念，践行企业社会责任。

④积极参与政策倡导和行业标准制定：积极参与相关政策制定和倡导，提出自然教育从业机构的建议和需求，促进政策环境的改善和支持。参与行业标准的制定和落实，推动自然教育从业机构的规范化和提升行业整体水平。

⑤加强数据分析和评估：建立自然教育数据收集和分析系统，定期评估项目效果和社会影响。基于评估结果进行改进和调整，提升教育质量和客户满意度。

⑥推动地方合作与网络化发展：积极参与地方政府自然教育工作建议，推动自然教育从业机构之间的合作与资源共享，促进自然教育事业的网络化发展。

参考文献

李禾. 这一年，美丽中国建设迈出重大步伐［N］. 科技日报，2022-12-28.

马名杰，戴建军，熊鸿儒，2019. 数字化转型对生产方式和国际经济格局的影响与应对［J］. 中国科技论坛（1）：12-16.

欧朝敏，黄坤鸿，谢冰馨，2022. "乌卡时代"下应对适应性挑战：从抗逆力到逆境领导力［J］. 中国应急管理科学（10）：21-30.

王硕. 回眸2022：站在人与自然和谐共生高度谋划发展［N］. 人民政协报，2022-12-29.

吴秋余，王浩. 高质量发展步履坚实［N］. 人民日报，2023-01-31.

许宪春，张美慧，张钟文，2021. 数字化转型与经济社会统计的挑战和创新［J］. 统计研究，38（1）：15-26.

周彩丽. 盘点2022 | 政策篇：10大主题，构建教育发展新格局！_焦点图_教育家［EB/OL］.［2022-12-25］. https：//jyj.gmw.cn/2022-12/25/content_36283345.htm.

周跃辉，2023. 中国经济的回眸与展望［J］. 党课参考（4）：10-27.

DE GODOY M F，FILHO D R，2021. Facing the BANI World［J/OL］. International Journal of Nutrology，14（2）：e33. http：//dx.doi.org/10.1055/s-0041-1735848.

UNESCO. Learning to mitigate and adapt to climate change：UNESCO and climate change education［EB/OL］.［2009-03-09］.http：//unesdoc.unesco.org/images/0018/001863/186310e.pdf.

附录一：
自然教育机构特征调研问卷

请您仔细阅读以下报名及预调研问卷填写提示。

本次调研问卷为预调研问卷，问卷将自然教育定义为"在自然中实践的、倡导人与自然和谐关系的教育。它是有专门引导和设计的教育课程或活动，如保护地和公园自然解说/导览，自然笔记、自然观察、自然艺术等。"

预调研问卷由机构负责人或自然教育项目负责人作答；若您非机构负责人或自然教育项目负责人，请在贵机构的相关负责人的指导下作答。这部分需时 5~8 分钟。

本问卷所有数据仅用于参与自然教育行业发展监测计划及行业发展研究，原始问卷将对外保密，请您按照真实情况填写，非常感谢您的支持！此问卷将会自动储存您的回答记录，您可以点击右侧"保存"，在关掉浏览器以后，您可以随时访问同一链接以继续此调查。请于问卷第一部分填写您的姓名及联系方式，报名后工作人员将与您联系。

感谢您参与此项调研。

自然教育行业发展研究小组
2023 年 8 月 31 日

机构信息

1. 贵机构注册名称：［填空题］
贵机构营业执照或法人证书上的注册名全称。

_____

2. 贵机构成立的时间：［填空题］

_____

3. 机构的类型：［填空题］

_____

4. 贵机构注册地所在省份城市与地区：［填空题］

_____

5. 联系人（填表人）基本信息：［矩阵文本题］

姓名	_____
于机构中的职务	_____
联系方式	_____
邮箱	_____

6. 贵机构意愿承担的角色是？［单选题］
○ 01　在地顾问，帮助搭建自然教育行业数据库与推动监测计划的执行
○ 02　普通成员，定期填报数据

7. 机构简介：［填空题］

_____

机构发展情况预调研

一、机构自然教育工作信息

8. 贵机构 2022 年开展自然教育活动的次数为？［单选题］

○ 01　0~10 次

○ 02　11~30 次

○ 03　31~50 次

○ 04　51~100 次

○ 05　101~200 次

○ 06　201~500 次

○ 07　500 次以上

9. 2022 年大约有多少人次参与贵机构所提供的自然教育活动？［单选题］

同一人参加 2 次活动为 2 人次。

○ 01　500 人次以下

○ 02　500~1000 人次

○ 03　1001~5000 人次

○ 04　5001~10000 人次

○ 05　10000 人次以上

○ 06　不清楚

10. 在 2022 年中参加 2 次及以上的人占总人数（非人次）的比例是多少？［单选题］

○ 01　少于 20%

○ 02　20%~40%

○ 03　41%~60%

○ 04　多于 60%

○ 05　不清楚

11. 贵机构 2022 年主要在以下哪些场地开展过自然教育活动？［多选题］
请选择所有适用项。

□ 01　国家公园

□ 02　自然保护区

□ 03　森林公园

□ 04　地质公园

□ 05　海洋公园

□ 06　湿地公园

□ 07　植物园

□ 08　国有林场

□ 09　综合公园

□ 10　社区公园

□ 11　动物园

□ 12　历史名园

□ 13　遗址公园

□ 14　农场

□ 15　其他（请注明）_____

二、提供的服务

12. 贵机构服务的团体类型客户主要是哪种？［多选题］
请选择最主要的 3 项。

□ 01　小学学校团体（学校组织学生）

□ 02　初中学校团体（学校组织学生）

□ 03　高中学校团体（学校组织学生）

□ 04　高等院校团体（学校组织学生）

□ 05　学校团体（学校组织职工）

□ 06　企业团体

□ 07　公众团体（公众自发组团）

□ 08　政府机构（含保护区）

☐ 09　无团体类型客户

☐ 10　其他（请注明）_____

13. 贵机构服务的公众个体客户主要是哪一种？［多选题］
请选择最主要的 3 项。

☐ 01　学前儿童（非亲子）

☐ 02　小学生（非亲子）

☐ 03　初中生

☐ 04　高中生

☐ 05　大学生

☐ 06　亲子家庭

☐ 07　成年公众

☐ 08　无公众个体客户

☐ 09　其他（请注明）_____

14. 2022 年，贵机构提供的服务有哪些？［多选题］
请选择所有的适用项。

☐ 01　提供自然教育活动

☐ 02　咨询（包括标准制定、项目评估、政策咨询、规划制定）

☐ 03　行业研究

☐ 04　培训与能力建设

☐ 05　设施营建

☐ 06　场域运营

☐ 07　书籍编撰

☐ 08　会展服务（如会议、自然嘉年华、自然音乐会、赛事筹办等）

☐ 09　文创产品开发

☐ 10　影像创作

☐ 11　课程研发

☐ 12　行业平台建设

☐ 13　餐饮住宿

☐ 14　传播推广

☐ 15　场地、设施租赁

☐ 16　承接其他的自然教育项目＿＿＿＿＿＿＿＿＿＿

15. 2022年，贵机构提供的自然教育活动/课程有哪些？［多选题］
请选择所有的适用项。

☐ 01　保护地或公园自然解说/导览等

☐ 02　自然科普/讲解

☐ 03　自然艺术（绘画、戏剧、音乐、文学等）

☐ 04　农耕体验和园艺（种植、收割、酿制、食材加工等）

☐ 05　自然观察

☐ 06　阅读（自然读书会等）

☐ 07　自然笔记

☐ 08　户外拓展（徒步、探险、户外生存等）

☐ 09　自然游戏

☐ 10　自然疗愈

☐ 11　其他（请注明）＿＿＿＿＿＿＿＿＿＿

☐ 12　以上都没有

☐ 13　不清楚

16. 2022年，贵机构提供的常规本地自然教育课程（非冬夏令营）的人均费用是多少？［单选题］

○ 01　人民币100元/（人·天）以下

○ 02　人民币100~200元/（人·天）

○ 03　人民币201~300元/（人·天）

○ 04　人民币301~500元/（人·天）

○ 05　人民币500元/（人·天）以上

○ 06　免费

○ 07　本机构未提供过类似服务

三、雇员与财政情况

17. 贵机构 2022 年在自然教育相关工作上的支出是多少？［单选题］

○ 01　人民币 10 万元以下
○ 02　人民币 10 万 ~20 万元
○ 03　人民币 21 万 ~30 万元
○ 04　人民币 31 万 ~50 万元
○ 05　人民币 51 万 ~100 万元
○ 06　人民币 101 万 ~500 万元
○ 07　人民币 501 万 ~1000 万元
○ 08　人民币 1000 万元以上
○ 09　不清楚

18. 贵机构在 2022 年的自然教育方面的主要收入来源是什么？［多选题］

请选择最主要的 3 项。

☐ 01　自然教育活动
☐ 02　出售自然教育相关产品
☐ 03　公益捐款
☐ 04　财政拨款
☐ 05　会员年费
☐ 06　提供其他服务（请注明）_____

19. 贵机构在 2022 年的自然教育中主要的支出项目是什么？［多选题］

请选择最主要的 3 项。

☐ 01　场地提升
☐ 02　硬件设施购买建设
☐ 03　教育人员聘请
☐ 04　课程开发
☐ 05　活动运营
☐ 06　其他（请注明）_____

20. 贵机构在 2022 年的收益情况如何？［单选题］
○ 01　盈利 30% 以上
○ 02　盈利 10%~30%
○ 03　盈利少于 10%
○ 04　盈亏平衡
○ 05　亏损少于 10%
○ 06　亏损 10% 以上
○ 07　不适用于本机构
○ 08　不清楚

21. 贵机构目前从事自然教育工作的人员中，全职人员数量是_____人；女性职员数量是_____人；自然教育团队隶属于_____部门；志愿者数量是_____人；兼职人员数量是_____人。［填空题］

22. 贵机构在未来一年中最重要的工作会是什么？［排序题，请在中括号内依次填入数字］

请最多选择 3 项并进行排序，依据：1- 最重要；2- 第二重要；3- 第三重要。

[　] 01　融资 / 解决现金流问题
[　] 02　研发课程、建立课程体系
[　] 03　提高团队在自然教育专业的商业能力
[　] 04　市场开拓
[　] 05　基础建设（如自然教育基地建设）
[　] 06　提升机构的内部行政管理能力及内部激励
[　] 07　制定客户群体的维护策略并实施
[　] 08　调整战略规划
[　] 09　强化核心优势，提高竞争门槛
[　] 10　安全管理优化
[　] 11　其他（请注明）_____
[　] 12　不清楚

四、机遇与挑战

23. 贵机构的自然教育工作正面临哪些困难？［排序题，请在中括号内依次填入数字］
请最多选择 3 项并进行排序。依据：1- 最重要；2- 第二重要；3- 第三重要。

[　] 01　可用来进行自然教育的场地不足

[　] 02　缺乏经费

[　] 03　缺乏人才

[　] 04　对公众的吸引力不足（与其他活动在公众兴趣上有冲突）

[　] 05　社会认同不足（包括员工家人的支持）

[　] 06　缺乏政策去推动行业发展

[　] 07　缺乏行业规范

[　] 08　缺乏安全管理

[　] 09　其他（请注明）＿＿＿＿＿＿＿＿＿

[　] 10　无

24. 对该监测计划，您是否有其他建议或意见？［填空题］

_____

附录二：
自然教育服务对象：公众调研问卷

尊敬的问卷填写者：

您好！

感谢您参与本次调研，本调研是由中国林学会主持，由自然教育行业发展研究小组实施。本问卷旨在了解中国城市居民对自然教育的看法，以期更好地回应公众需求，优化行业发展。您的据实分享对我们非常重要，并将对我国自然教育的发展带来巨大的帮助。

本调研中所指的自然教育为"在自然中实践的、倡导人与自然和谐关系的教育。它是有专门引导和设计的教育课程或活动，如保护地和公园自然解说/导览，自然笔记、自然观察、自然艺术等。"

此次调研面向北京、上海、广州、成都、厦门、深圳、杭州、武汉 8 个城市的成年市民进行，在回答问卷前，请仔细阅读每一道题。答案没有对错，回答时请选择最能反映您看法的选项。

请放心，您的答案将被严格保密，所有数据仅用于研究，我们不会披露答题人的个人信息。

完成问卷大约需要 10 分钟，建议您抽出完整的时间，在电脑上操作填写，请您按照真实情况进行填写。

再次感谢您的支持！问卷填写过程中有何问题可以随时联系小助手，期待您的作答！

一、基本信息

1. 您目前居住在哪个城市？[单选题]
   - ○ 01　北京
   - ○ 02　上海
   - ○ 03　广州
   - ○ 04　成都
   - ○ 05　厦门
   - ○ 06　深圳
   - ○ 07　杭州
   - ○ 08　武汉
   - ○ 09　其他

2. 请问您属于以下哪个年龄段？[单选题]
   - ○ 01　18 岁以下
   - ○ 02　18~30 岁
   - ○ 03　31~40 岁
   - ○ 04　41~50 岁
   - ○ 05　51~60 岁
   - ○ 06　61 岁以上

3. 请问您的性别是什么？[单选题]
   - ○ 01　男
   - ○ 02　女
   - ○ 03　不便透露

4. 请问您的最高学历是什么？[单选题]
   - ○ 01　高中及以下
   - ○ 02　大专
   - ○ 03　本科
   - ○ 04　硕士及以上

5. 请描述您的职业状况。[填空题]

_____

6. 以下哪一项描述最符合您的婚姻状况？[单选题]
- ○ 01　未婚
- ○ 02　已婚
- ○ 03　离异
- ○ 04　丧偶
- ○ 05　不便透露

7. 您的家庭成员中有几个未成年（18岁以下）的孩子？[单选题]
- ○ 01　0个（请跳至第9题）
- ○ 02　1个
- ○ 03　2个
- ○ 04　3个
- ○ 05　4个或以上

8. 您的孩子或孩子们现在处于哪个或哪些年龄段？[多选题]

请选择所有适用项。
- □ 01　未到上幼儿园的年龄
- □ 02　幼儿园／学前班
- □ 03　小学 1~3 年级
- □ 04　小学 4~6 年级
- □ 05　初中
- □ 06　高中
- □ 07　大学及以上
- □ 08　不便透露

9. 请问您的家庭每个月的平均收入是多少？[单选题]

家庭月平均收入＝家庭所有成员的货币收入＋实物收入－个人所得税及各种社会保障缴费、税费。

○ 01 　人民币 0~1499 元
○ 02 　人民币 1500~2399 元
○ 03 　人民币 2400~2999 元
○ 04 　人民币 3000~4499 元
○ 05 　人民币 4500~5999 元
○ 06 　人民币 6000~8999 元
○ 07 　人民币 9000~14999 元
○ 08 　人民币 15000~29999 元
○ 09 　人民币 30000~60000 元
○ 10 　人民币 60000 元以上
○ 11 　不便透露

二、对自然教育的认知态度

10. 您在多大程度上认同以下的描述？［矩阵量表题］

描　述	01 强烈不同意	02 不太同意	03 没有特别同意或不同意	04 比较同意	05 强烈同意
我认同与大自然和谐相处的理念并努力践行之	○	○	○	○	○
我享受身处大自然之中	○	○	○	○	○
我积极支持旨在解决环境问题的活动或行动	○	○	○	○	○
我愿意努力减少自己对环境和大自然带来的负面影响	○	○	○	○	○
我在尽最大的能力去保护环境和大自然	○	○	○	○	○
我致力于改善自己和家人的健康和环境	○	○	○	○	○
我的业余时间都会尽量用于和家人或朋友相处	○	○	○	○	○
我喜欢做运动保持身心健康	○	○	○	○	○
身处大自然之中让我感到快乐和享受	○	○	○	○	○
身处大自然中能够挑战自我并尝试新事物	○	○	○	○	○
业余时间我总是为自己和家人优先安排户外活动	○	○	○	○	○

11. 您或您的孩子曾在过去 12 个月内参与过以下哪些活动？［多选题］

请选择所有适用的选项。

☐ 01　参观植物园

☐ 02　参观博物馆

☐ 03　参观动物园／动物救护中心

☐ 04　观察野外的动植物

☐ 05　大自然摄影

☐ 06　户外写生

☐ 07　种植／耕作

☐ 08　野餐

☐ 09　露营

☐ 10　徒步／攀岩

☐ 11　到海滩

☐ 12　户外体育运动（如跑步、骑自行车、球类活动等）

☐ 13　健身／瑜伽

☐ 14　手工活动

☐ 15　阅读（非教科书类）

☐ 16　玩电子游戏

☐ 17　玩乐器

☐ 18　参加音乐会／演唱会

☐ 19　以上皆无

12. 花时间在自然当中对您来说有多重要？［单选题］

请从 0~10 的刻度评分，其中，0 代表「非常不重要」，10 代表「非常重要」。

○ 0	○ 1	○ 2	○ 3	○ 4	○ 5	○ 6	○ 7	○ 8	○ 9	○ 10

13. 让您的孩子花时间在自然当中对您来说有多重要？［单选题］

请从 0~10 的刻度评分，其中，0 代表「非常不重要」，10 代表「非常重要」。

○ 0	○ 1	○ 2	○ 3	○ 4	○ 5	○ 6	○ 7	○ 8	○ 9	○ 10

14. 您和／或您的家人多久会参与一次在自然环境中的户外活动（如公园、郊野、森林、湿地等）？［单选题］

○ 01　多于每周 1 次
○ 02　每周 1 次
○ 03　每月 2~3 次
○ 04　每月 1 次
○ 05　每季度 1~2 次
○ 06　每年 2~3 次
○ 07　1 年 1 次
○ 08　少于 1 年 1 次
○ 09　从未

15. 您会如何评价自己对大自然的了解程度？［单选题］

请从 0~10 的刻度评分，其中，0 代表「非常不重要」，10 代表「非常重要」。

○ 0	○ 1	○ 2	○ 3	○ 4	○ 5	○ 6	○ 7	○ 8	○ 9	○ 10

三、参与自然教育活动的情况

16. 您如何评价您对自然教育的了解程度？［单选题］

请从 0~10 的刻度评分，其中，0 代表「非常不重要」，10 代表「非常重要」。

○ 0	○ 1	○ 2	○ 3	○ 4	○ 5	○ 6	○ 7	○ 8	○ 9	○ 10

17. 您参加过以下哪种类型的课程或活动？［多选题］

请选择所有适用的选项。

☐ 01　保护地或公园自然解说／导览等
☐ 02　自然科普／讲解
☐ 03　自然艺术（绘画、戏剧、音乐、文学等）
☐ 04　农耕体验和园艺（种植、收割、酿制、食材加工等）
☐ 05　阅读（自然读书会等）
☐ 06　自然笔记

- [ ] 07　自然观察
- [ ] 08　户外拓展（徒步、探险、户外生存等）
- [ ] 09　自然游戏
- [ ] 10　自然疗愈
- [ ] 11　环保理念的传递和培育
- [ ] 12　自然教育营地活动
- [ ] 13　其他在自然中，倡导人与自然和谐关系的，且有专门的引导和设计的教育或活动
- [ ] 14　以上都没有
- [ ] 15　不清楚

18. 您的孩子参加过以下哪种类型的课程或活动？[多选题]
请选择所有适用的选项。

- [ ] 01　保护地或公园自然解说／导览等
- [ ] 02　自然科普／讲解
- [ ] 03　自然艺术（绘画、戏剧、音乐、文学等）
- [ ] 04　农耕体验和园艺（种植、收割、酿制、食材加工等）
- [ ] 05　阅读（自然读书会等）
- [ ] 06　自然笔记
- [ ] 07　自然观察
- [ ] 08　户外拓展（徒步、探险、户外生存等）
- [ ] 09　自然游戏
- [ ] 10　自然疗愈
- [ ] 11　环保理念的传递和培育
- [ ] 12　其他在自然中，倡导人与自然和谐关系的，且有专门的引导和设计的教育或活动
- [ ] 13　以上都没有
- [ ] 14　不清楚

19. 您的孩子或孩子们是在哪个或哪些年龄段参加自然教育的课程或活动的？[多选题]
请选择所有适用的选项。

- [ ] 01　未到上幼儿园的年龄
- [ ] 02　幼儿园／学前班

☐ 03　小学 1~3 年级
☐ 04　小学 4~6 年级
☐ 05　初中
☐ 06　高中
☐ 07　大学及以上

20. 过去一年中，您或您的孩子参与自然教育活动的消费金额为多少？［单选题］

○ 01　人民币 500 元及以下
○ 02　人民币 501~1000 元
○ 03　人民币 1001~3000 元
○ 04　人民币 3001~5000 元
○ 05　人民币 5001~10000 元
○ 06　人民币 10000 元以上

21. 请您从下面的列表中，选择所有您认为参与自然教育活动能够帮助您或您的孩子发展或提高的方面。［多选题］

请选择所有适用的选项。

☐ 01　自信心
☐ 02　独立能力
☐ 03　友谊
☐ 04　领导才能
☐ 05　机智
☐ 06　对环境的关注
☐ 07　对大自然和保护大自然的兴趣
☐ 08　衍生技能（如园艺种植、户外拓展等）
☐ 09　解决问题的能力
☐ 10　身体发育 / 强身健体
☐ 11　感觉与大自然更融洽
☐ 12　对人和大自然的责任心
☐ 13　其他（请注明）_____

四、参与自然教育活动的动机

22. 在下面的列表中，您认为哪些原因最能推动您或您的孩子参与自然教育活动？
［排序题，请在中括号内依次填入数字］

请选择 5 个选项并按重要性进行排序，其中，1- 最重要；2- 第二重要；3- 第三重要。

［　　］01　学习与自然相关的科学知识

［　　］02　在自然中认识自我

［　　］03　学习衍生技能（园艺种植、户外拓展等）

［　　］04　养成有益个人长期发展的习惯（专注力等）

［　　］05　加强人与自然的联系，建立对自然的尊重、珍惜和热爱

［　　］06　在活动中产生有利于自然环境的行为和长期行动的基础

［　　］07　加强社区连接，共同营造社区发展

［　　］08　在自然中放松、休闲和娱乐

［　　］09　为孩子或自己提供与其他同龄人相处的机会

［　　］10　培养对自然的好奇心和兴趣

［　　］11　将自然教育作为学校教育的补充，或作为个人成长的渠道

［　　］12　可以参加有刺激性、冒险性的活动

［　　］13　为自己提供一个安全并且大家互相帮助的环境

［　　］14　学习包容并支持鼓励多元化的群体

23. 您认为您或您的孩子参加自然教育活动的主要阻力是什么？［排序题，请在中括号内依次填入数字］

请最多选择 3 个选项并按重要性进行排序，其中，1- 最重要；2- 第二重要；3- 第三重要。

［　　］01　对活动的安全性有顾虑

［　　］02　时间不够：工作太忙或孩子的学业太忙

［　　］03　对大自然没兴趣

［　　］04　活动价格太高

［　　］05　活动的地点太远

［　　］06　无法获取足够的有关自然教育活动的信息

[ ] 07 活动的质量不好或缺乏趣味性

[ ] 08 对本地自然教育组织及从业人员缺乏信心

[ ] 09 报名的程序困难

[ ] 10 自然教育活动不值得付钱

[ ] 11 不喜欢在大自然中的感觉

五、未来参与自然教育活动的倾向

24. 您或您的孩子对哪种类型的自然教育活动最感兴趣？[排序题，请在中括号内依次填入数字]

请最多选择 3 项并按感兴趣的程度进行排序，其中，1- 最重要；2- 第二重要；3- 第三重要。

[ ] 01 自然体验类：如在大自然中嬉戏，体验自然生活

[ ] 02 农耕类：如生态农耕体验、自然农法工作坊等

[ ] 03 博物、环保科普认知类：如了解动植物或环境等的相关科普知识

[ ] 04 专题研习：如和科学家一同保护野生物种

[ ] 05 户外探险类：如攀岩、探洞等

[ ] 06 研学旅行：如了解当地的动植物、人文环境

[ ] 07 工艺手作类：如艺术工作坊、创意手工等

25. 您认为您或您的孩子在未来 12 个月内可能参加几次自然教育活动？[单选题]

○ 01 少于每季度 1 次

○ 02 每季度 1 次

○ 03 每 2 个月 1 次

○ 04 每月 1 次

○ 05 每月 2~3 次

○ 06 每周 1 次

○ 07 每周 1 次以上

○ 08 不知道

26. 您认为参加一项自然教育活动的合理价格是多少？［矩阵单选题］

活动项目	01 人民币 100元以下 /（人·天）	02 人民币 101~200元 /（人·天）	03 人民币 201~300元 /（人·天）	04 人民币 301~500元 /（人·天）	05 人民币 500元及以上 /（人·天）	06 只参与 免费活动
成人活动价格	○	○	○	○	○	○
儿童/学生活动价格 （非夏令营和冬令营）	○	○	○	○	○	○

27. 您认为您或您的孩子在未来12个月内参加自然教育活动的可能性有多大？［单选题］

　　○ 01　非常不可能

　　○ 02　比较不可能

　　○ 03　不清楚/不肯定

　　○ 04　比较可能

　　○ 05　非常可能

28. 您认为您或您的孩子在未来12个月有意向投入自然教育活动的金额为多少？［单选题］

　　○ 01　人民币500元及以下

　　○ 02　人民币501~1000元

　　○ 03　人民币1001~3000元

　　○ 04　人民币3001~5000元

　　○ 05　人民币5001~10000元

　　○ 06　人民币10000元以上

29. 当您为您或您的孩子选择自然教育活动时，您认为最重要的因素是什么？［单选题］

　　○ 01　组织活动的机构的声誉

　　○ 02　课程价格

　　○ 03　导师或领队老师的素质和专业性

○ 04　课程主题和内容设计
○ 05　是否对孩子成长有益
○ 06　其他（请注明）_____

六、对自然教育活动的满意程度

30. 对您或您的孩子参加过的自然教育活动或课程，您的总体满意程度如何？[单选题]

○ 01　非常不满意
○ 02　比较不满意
○ 03　一般
○ 04　比较满意
○ 05　非常满意

31. 对您或者您的孩子参加过的自然教育活动或课程，您在以下各个方面的满意程度如何？[矩阵量表题]

方　面	01 非常不满意	02 比较不满意	03 一般	04 比较满意	05 非常满意
课程效果（参与者的感受和收获）	○	○	○	○	○
带队老师的专业性	○	○	○	○	○
带队老师和参与者的互动	○	○	○	○	○
后勤服务及行政管理	○	○	○	○	○
营造的良好社群氛围	○	○	○	○	○
客户的后期维护	○	○	○	○	○

32. 您从以下哪些渠道了解到有关您或您的孩子参加的自然教育活动的信息？[多选题]

请选择所有适用的选项。

□ 01　自然教育机构的网站
□ 02　自然教育机构的自媒体（如自然教育机构的微博、微信公众号等）

- ☐ 03　自然教育机构在机构以外的媒体平台所发布的广告（如报纸、杂志、电视、网络广告等）
- ☐ 04　自然教育机构自身以外的社交媒体
- ☐ 05　媒体的新闻报道
- ☐ 06　政府网站
- ☐ 07　环境和社会倡导团体等公益组织
- ☐ 08　朋友和家人的介绍推荐
- ☐ 09　孩子的学校
- ☐ 10　某些活动或场地
- ☐ 11　其他（请注明）_____
- ☐ 12　不知道 / 不记得

● 感谢您抽出宝贵的时间参加此调查。

● 我们将遵循保密原则，并对组织名称匿名处理，数据仅用于研究，原始问卷数据将严格保密。

● 本项目产出的报告将呈现给相关政府部门作为未来自然教育发展政策的参考。

● 您提供的信息将推动行业发展，协助政府制定相关政策，为自然教育的发展营造更良好的行业氛围！

● 欢迎您持续关注全国自然教育，获取最新行业资讯，共同支持行业发展。

附录三：
自然教育基地（学校）调研问卷

尊敬的自然教育工作者：

您好！

感谢您参与本次调研，本调研是由中国林学会主持，由自然教育行业发展研究小组执行。本问卷旨在了解自然教育基地（学校）开展自然教育的现状与意愿需求，以期共同推进行业发展。

问卷将自然教育的定义简化为"在自然中实践的、倡导人与自然和谐关系的教育。它是有专门引导和设计的教育课程或活动，如保护地和公园自然解说/导览，自然笔记、自然观察、自然艺术等。"

您的如实分享对我们来说非常重要，并将对自然教育的发展建议提供巨大的帮助。本问卷所有数据仅用于研究，原始问卷数据将对外保密。此问卷将会自动储存您的回答记录，在关掉浏览器以后，您可以随时访问同一链接以继续此调查。

请您根据贵机构的真实情况进行填写，非常感谢您的支持！

您是否正代表您所在的自然教育目的地回答此次调查？[单选题]
例如：我是自然教育目的地的负责人或自然教育项目负责人。请注意，您所属的机构应只参与调研一次。
○是
○否

一、基本信息

1. 目的地机构名称［填空题］

_____

2. 机构所在的省份城市与地区［填空题］

_____

3. 机构类型［单选题］

○ A. 自然保护区

○ B. 国家公园

○ C. 自然公园

○ D. 城市公园

○ E. 保护小区/社区保护地

○ F. 自然学校

○ G. 自然教育中心

○ H. 博物馆

○ I. 教育型农场

○ J. 社区组织

○ K. 林场

○ L. 其他（请注明）_____

4. 机构行政级别［单选题］

○ A. 处级（正/副）

○ B. 科级（正/副）

○ C. 股级

○ D. 无

5. 过去一年（2022年），贵机构总经费规模（万元）［填空题］

_____

6. 贵机构总面积规模为（平方米）［填空题］

_____

二、自然教育开展现状

7. 贵机构内开展过的自然教育项目/活动的类型有哪些？［多选题］

请选择所有适用项。

☐ A. 没有开展过相关活动

☐ B. 自然解说/导览

☐ C. 自然科普/讲解

☐ D. 自然艺术（绘画、戏剧、音乐、文学等）

☐ E. 农耕体验和园艺（种植、收割、酿制、食材加工等）

☐ F. 自然观察

☐ G. 阅读（自然读书会等）

☐ H. 自然笔记

☐ I. 户外拓展（徒步、探险、户外生存等）

☐ J. 自然游戏

☐ K. 自然疗愈（如森林康养项目等）

☐ L. 公众参与科研或野保项目

☐ M. 其他（请注明）_____

8. 贵机构最早开展自然教育的年份是在哪一年？［填空题］

_____

9. 开放自然教育的区域占贵机构总面积的比例大约为多少？［单选题］

○ A. 小于 10%

○ B. 10%~30%

○ C. 31%~50%

○ D. 50% 以上

10. 贵机构的自然教育项目由哪个部门具体负责？［单选题］

○ A. 宣教科

○ B. 专门成立的自然教育科

○ C. 无特定科室负责

○ D. 其他（请注明）_____

11. 过去一年（2022年）中，贵机构独立开展了多少次自然教育相关的活动和项目？[单选题]

○ A. 未独立开展过

○ B. 1~5 次

○ C. 6~10 次

○ D. 10 次以上

12. 过去一年（2022年）中，贵机构与其他机构合作开展了多少次自然教育相关的活动和项目？（包括仅提供场地）[单选题]

○ A. 未合作开展过

○ B. 1~10 次

○ C. 11~20 次

○ D. 20 次以上

13. 贵机构内与自然教育（包含上题中提到的所有活动类型）相关的硬件设施有哪些？[多选题]

请选择所有适用项。

☐ A. 博物馆、宣教馆、科普馆、自然教室等

☐ B. 自然教育径

☐ C. 导览路线

☐ D. 公共卫生间、休憩点

☐ E. 观景台

☐ F. 木栈道、索道、吊桥等

☐ G. 宾馆等住宿场所

☐ H. 餐厅

☐ I. 其他（请注明）_____

14. 贵机构内能够提供的服务有哪些？[多选题]

请选择所有适用项。

☐ A. 自然教育体验活动／课程

☐ B. 餐饮服务

☐ C. 住宿服务

☐ D. 商品出售

☐ E. 旅行规划

☐ F. 解说展示

☐ G. 场地、设施租借

☐ H. 其他（请注明）_____

15. 在过去一年（2022 年）中自然教育项目服务的主要人群是什么？[多选题]

最多选 3 项。

☐ A. 学前儿童（非亲子）

☐ B. 小学生（非亲子）

☐ C. 初中生

☐ D. 高中生

☐ E. 大学生

☐ F. 亲子家庭

☐ G. 企业团体

☐ H. 周边社区居民

☐ I. 其他（请注明）_____

16. 过去一年（2022 年）中在贵机构内参与自然教育／体验的人次为多少？[单选题]

同一人参加 2 次活动为 2 人次。

○ A. 100 以下

○ B. 100~500（含）

○ C. 500~1000（含）

○ D. 1000~5000（含）

○ E.5000~10000（含）

○ F.10000 以上

17. 贵机构过去一年（2022 年）在自然教育中投入的经费规模是多少？［单选题］

○ A. 无投入

○ B.1 万 ~10 万元

○ C.11 万 ~20 万元

○ D.21 万 ~30 万元

○ E.30 万元以上

18. 贵机构过去一年（2022 年）在自然教育中投入的经费主要来源及比例是多少？［多选题］

请选择所有适应项，并填写相应比例，如 30%。

☐ A. 无投入_____

☐ B. 财政拨付_____

☐ C. 基金会捐赠_____

☐ D. 企业捐赠_____

☐ E. 自然教育活动自营性收入_____

☐ F. 政府等专项资金申请_____

☐ G. 其他（请注明）_____

19. 贵机构过去一年（2022 年）在自然教育中的支出项目及其比例是多少？［多选题］

请选择所有适应项，并填写相应比例，如 30%。

☐ A. 场地提升_____

☐ B. 硬件设施购买建设_____

☐ C. 教育人员聘请_____

☐ D. 课程开发_____

☐ E. 活动运营_____

☐ F. 其他（请注明）_____

20. 贵机构在过去一年（2022年）中通过自然教育所获得的经济收入规模是多少？
［单选题］

○ A. 无收入

○ B.1 万~10 万元

○ C.11 万~20 万元

○ D.21 万~30 万元

○ E.30 万元以上

三、职工能力建设

21. 贵机构内负责和落实自然教育的专职人员数量有多少？［单选题］

○ A. 无专职人员

○ B.1~5 名

○ C.6~10 名

○ D.10 名以上

22. 贵机构对职工开展过哪些自然教育方面的能力培训？［多选题］

请选择所有适应项。

☐ A. 无培训

☐ B. 安排员工到学校正式修课或取得学位

☐ C. 安排员工参与主管部门或其他机构举办自然教育能力培训

☐ D. 聘请专家定期进行员工内部培训

☐ E. 安排员工至其他单位进行参观、访问

☐ F. 员工参与课程研发

☐ G. 由资深员工辅导新员工

☐ H. 其他（请注明）＿＿＿＿＿＿＿＿

23. 在自然教育方面，贵机构职工最需要的能力培训有哪些？［排序题，请在中括号内依次填入数字］

请最多选择3项并进行排序。其中，1-最重要；2-第二重要；3-第三重要。

[　　] A. 课程设计能力

[　　] B. 活动组织能力

[　　] C. 解说能力

[　　] D. 后勤安排能力

[　　] E. 宣传招募能力

[　　] F. 志愿者管理

[　　] G. 安全与危机管理能力

[　　] H. 其他（请注明）_____

四、关于本省（自治区、直辖市）自然教育

24. 您认为本省（自治区、直辖市）自然教育的发展具备怎样的优势？［排序题，请在中括号内依次填入数字］

请最多选择 3 项并进行排序。其中，1- 最重要；2- 第二重要；3- 第三重要。

[　　] A. 公众认可，市场活跃，自然教育的相关消费持续增长

[　　] B. 自然机构聚集，细化分工成为趋势

[　　] C. 自然教育产业联合

[　　] D. 不同政府部门（林业、环保、教育等）联动支持

[　　] E. 自然教育知晓度不断提高，人才增量、资金增量、合作伙伴增量可观

[　　] F. 不同地市特色发展

[　　] G. 发展出人才培养体系

[　　] H. 探索出自然教育信息集成平台

[　　] I. 其他（请注明）_____

25. 您认为本省（自治区、直辖市）自然教育的发展目前还存在什么样的问题？［排序题，请在中括号内依次填入数字］

请最多选择 3 项并进行排序。其中，1- 最重要；2- 第二重要；3- 第三重要。

[　　] A. 可用来进行自然教育的自然资源不足

[　　] B. 缺乏经费

[　　] C. 缺乏人才

[ ] D. 缺乏公众市场

[ ] E. 缺乏优质课程/活动

[ ] F. 社会认同不足

[ ] G. 缺乏政策去推动行业发展

[ ] H. 缺乏行业规范

[ ] I. 生态多样性不足，缺乏专业细化分工

[ ] J. 未形成有效的产业链，不同机构合作不足

[ ] K. 其他（请注明）_____

26. 您认为目前本省自然教育领域亟须拟定的行业标准规范有哪些？[排序题，请在中括号内依次填入数字]

请最多选择 3 项并进行排序。其中，1- 最重要；2- 第二重要；3- 第三重要。

[ ] A. 自然教育从业资格

[ ] B. 自然教育导师认证体系

[ ] C. 自然教育活动/课程标准

[ ] D. 自然教育活动安全管理标准

[ ] E. 自然教育机构等级评选标准

[ ] F. 自然教育志愿者管理标准

[ ] G. 现阶段不需要规范标准

[ ] H. 其他（请注明）_____

五、合作与需求

27. 与贵机构合作过自然教育活动的机构有哪些类型（法律层面）？[多选题]

请选择所有适应项，可在选项后填写具代表性的合作机构的名称。

□ A. 事业单位、政府部门及其附属机构_____

□ B. 注册公司或商业团体_____

□ C. 公益机构/非政府组织_____

□ D. 个人或社群_____

□ E. 独立开展/无合作_____

☐ F. 其他（请注明）_____

28. 在自然教育方面，希望寻找哪些类型的合作伙伴？［多选题］

请选择所有适应项。

☐ A. 更希望独立开展

☐ B. 正规、有资质的自然教育机构

☐ C. 相识的、有过合作经历的个人或团队（无论是否有正规资质）

☐ D. 有影响力的媒体（含自媒体）

☐ E. 当地社区

☐ F. 中小学

☐ G. 大学

☐ H. 其他（请注明）_____

29. 目前贵机构在开展自然教育上最需要哪些方面的支持？［排序题，请在中括号内依次填入数字］

请最多选择 3 项并进行排序。其中，1- 最重要；2- 第二重要；3- 第三重要。

［　］A. 相关经费

［　］B. 专业的产品和活动设计

［　］C. 与运营管理团队的合作

［　］D. 内部人才的培养

［　］E. 相关政策支持 / 政策体系完善 / 行业规范

［　］F. 硬件完善（包括场馆、服务设施等）

［　］G. 其他（请注明）_____

30. 贵机构在未来 1~3 年内与自然教育有关的计划是什么？［多选题］

请选择所有适应项。

☐ A. 无相关计划 / 规划

☐ B. 路线和课程研发，建立课程体系

☐ C. 提高职工的相关能力

☐ D. 基础建设（如自然教育基地建设）

☐ E. 加强机构合作交流

☐ F. 成立合作社，开展特许经营

☐ G. 其他（请注明）_____

31. 该计划是否体现在贵机构相应年份的总体规划文本中？［单选题］

○ A. 是

○ B. 否

32. 您认为贵机构近 5 年的工作／管理重点是哪些方面？［排序题，请在中括号内依次填入数字］

请最多选择 3 项并排序，依据：1- 最重要；2- 第二重要；3- 第三重要。

[ ] A. 机构设置与人员配置

[ ] B. 范围界限与土地权属

[ ] C. 基础设施建设

[ ] D. 运行经费保障

[ ] E. 主要保护对象变化动态

[ ] F. 违法违规项目

[ ] G. 日常管护

[ ] H. 本地资源调查与监测

[ ] I. 规划制定与执行情况

[ ] J. 能力建设

[ ] K. 宣传与自然教育

[ ] L. 其他（请注明）_____

33. 贵机构目前在开展自然教育的过程中遇到的最大问题或困难是什么？［填空题］

_____

34. 贵机构期待从政府获得的支持有哪些？［排序题，请在中括号内依次填入数字］

请最多选择 3 项并进行排序。其中，1- 最重要；2- 第二重要；3- 第三重要。

[ ] A. 资金支持

[ ] B. 项目释放

[ ] C. 标准制定

[ ] D. 扶持政策制定

[ ] E. 政府推动产业联盟与发展

[ ] F. 相关政府部门的联合关注

[ ] G. 其他（请注明）_____

35. 除上述描述，疫情解封对贵机构的影响还有哪些？［填空题］

_____

36. 可否请您分享一下在贵机构的管理或工作中，您遇到的主要困难与建议？［填空题］

_____

37. 贵机构是否愿意作为案例，总结梳理自身发展特色，与行业分享经验思考呢？［单选题］

○ A. 愿意

○ B. 不愿意（请跳至问卷末尾，提交答卷）

38. 为了工作人员顺利联系到您，请注明您的机构、姓名及联络电话。

机构	_____
姓名	_____
联系方式	_____

感谢您的积极参与，期待您的持续关注。

附录四：
融合·共享新时代自然教育的新启航
——2022中国自然教育大会北京宣言

2022 中国自然教育大会于 2022 年 9 月 4~6 日在北京召开。大会秉持人与自然和谐共生的理念，致力于推动中国自然教育高质量发展，为建设生态文明和美丽中国贡献积极的力量！有关部门、公益组织、相关企事业单位、自然教育机构的数千名线上线下代表，数百位自然教育专家学者，围绕"融合·共享——新时代自然教育的新启航"主题，分享自然教育经验，研讨自然教育理论，交流自然教育实践，探索自然教育发展新模式，携手推进新时代自然教育事业新发展。

经全体代表讨论，一致通过《自然教育北京宣言》。

我们一致认为，推进自然教育是建设生态文明的重要举措。大自然是一切人类文明的母体，自然教育是沟通人与自然的桥梁。它是树立全社会生态文明理念的基础性工作，是人们认识自然、了解自然、理解自然的有效方法，也是推动全社会形成尊重自然、顺应自然、保护自然的价值观和行为方式的有效途径。大力推进自然教育，有利于树立生态与文明共兴共衰的唯物史观，有利于统筹山水林田湖草沙冰的系统治理，有利于推动形成人与自然的和谐共生。在建设生态文明千年大计的使命召唤下，自然教育始终是一个积极有为、动态向上、洋溢着蓬勃生机和活力的光明事业，我们应该大步出发，向着美好的未来，向着人类的明天！

我们一致赞同，当前自然教育发展面临新形势、新机遇、新挑战。席卷全球的新冠肺炎疫情给自然教育事业发展带来了强烈的冲击，却再次印证了人与自然是生命共同体。去年在中国召开的《生物多样性公约》第十五次缔约方大会，重申了保护生物多样性的迫切性，也带来了自然教育发展的新机遇。正在推进的"双减""研学"等政策，要求为学校教育增加更多的自然元素，把童年还给儿童，把教育还给自然。大力推动实施的生态文明、乡村振兴等国家重大战略，陆续颁布的林草、旅游等各类"十四五"规划，都对自然教育做出了明确部署，送来了政策春风，提出了更高要求。推进自然教育，我们大有可为，也应当大有作为！

我们一致呼吁，政府部门积极推动自然教育相关政策的制定和落地。 推进自然教育，离不开政府的高位推动，离不开政策的细化落实。我们注意到，全国政协，教育部、自然资源部、生态环境部、国家林草局等有关部委，北京、上海、广东、四川、福建、陕西、贵州等省市地方政府，相继出台了推动自然教育发展的政策文件，营造了自然教育发展的良好氛围。我们希望，政府有关部门进一步加强对自然教育发展的引导、支持和帮助，将自然教育纳入政府工作体系，创造更有利于自然教育发展的政策环境，推动自然教育走向理性、专业、健康的高质量发展道路。

我们一致倡导，更多人特别是广大青少年走进自然接受教育。 大自然是一本丰富多彩的活教材。我们提倡并期待更多人尤其是青少年，带着敬畏之心、感恩之心、博爱之心，走向户外、走向荒野、走向未来，一起向自然！我们要到郊野、到森林、到高山、到大海、到大自然的每一处，与自然对话、向自然学习、做自然的朋友。我们要接受自然教育，探索自然的奥秘、聆听自然的教诲、感悟自然的神奇，用大自然的智慧，启蒙心智、抚慰心灵。我们要接受自然教育，与花草为邻、和山水做伴、揽星月入怀，创造更文明、更和谐、更美好的新生活！我们要接受自然教育，锻炼健康的体魄，培养健全的人格，成就更完善、更全面、更自由的新自我！

我们一致承诺，自然教育行业团结共进形成高质量发展合力。 行业力量是驱动自然教育事业发展的原始动力。作为自然教育组织、机构和从业人员的共同体，我们将大力推进自然教育行业系列标准指南、规范公约等的制定，实现行业从遍地开花到规范有序的良性发展。我们将坚持服务为本，加强行业自律。我们将提升自然教育机构管理运营能力，强化项目设计、课程开发、教材编撰、基地建设。我们将加强人才培训和队伍建设，着力缓解自然教育专业人才短缺。我们将深化理论研究，加强专业知识储备，用科学的理论指导实践的健康发展。推进自然教育，是我们的光荣所在，价值所向！

我们一致期待，社会各界携起手来共同续写自然教育新篇章。 自然教育是大众的事业，普遍的需求。我们秉持"开放、自愿、合作、共享、包容、服务"的理念，期待更多元化的社会主体广泛参与自然教育，满足公众对自然教育的新期待、新需求。我们倡议将每年 7 月的第 2 个星期六设立为全国自然日，希望栖居世界各地的人，无论你身处何处，无论你年长年幼，无论你贫穷富裕，都能回到自然的怀抱，享受自然的乐趣。

朋友们！所有关注自然、热爱自然、崇尚自然的伙伴们，让我们高举习近平生态文明思想伟大旗帜，携起手来、积极行动，共同续写自然教育发展新篇章，共同构建自然教育发展新格局，共同建设人与自然和谐共生的现代化！

2022 年 9 月 6 日

附录五：
在2022中国自然教育大会的讲话

各位代表，同志们：

2022中国自然教育大会今天开幕了！我代表大会组委会、代表中国林学会和全国自然教育总校向给予这次大会支持指导的国家林业和草原局、北京市人民政府表示衷心的感谢！向为筹备这次大会付出辛勤劳动、提供大量帮助的北京市园林绿化局、北京林业大学、阿里巴巴公益基金会、深圳籁福文化创意有限公司等表示衷心的感谢！向所有致力于中国自然教育发展的中外专家，自然教育机构、基地、学校，自然教育工作者、从业者、志愿者和爱好者表示衷心的感谢！

自然教育是以自然环境为基础、以人与自然关系为核心、以自然体验为主要方式、以推动人与自然和谐为根本目的的实践教育。在建设生态文明百年大计的使命召唤下，自然教育始终是一项积极有为、动态向上、洋溢着蓬勃生机和活力的光明事业。大力推进自然教育，有利于树立生态与文明共兴共衰的唯物史观，有利于推动山水林田湖草沙冰的统筹保护治理，有利于推动形成人与自然和谐共生的新格局！

2019年，我们在武汉召开首届中国自然教育大会，为推进我国自然教育健康、繁荣发展做出了积极贡献！近年来，在党中央的坚强领导下、在行业机构的奋力开拓下、在社会公众的广泛参与下，我们推动了北京、上海、广东、四川、福建、浙江等地成立自然教育总校、出台政策措施，制定发布了一批自然教育标准（规范），遴选推荐了一批自然教育好书和优秀课程教材，建立了一批自然教育学校（基地），组织开展了专业人才培训，定期研究发布了自然教育发展报告等，逐步构建了全国自然教育体系，有力地促进了我国自然教育事业高质量发展。

当前，自然教育发展面临着许多新的形势、新的机遇和新的挑战。席卷全球的新冠肺炎疫情给自然教育行业发展带来了强烈的冲击，却再次印证了人与自然是生命共同体。去年在昆明召开的《生物多样性公约》第十五次缔约方大会，重申了保护生物多样性的重要性紧迫性，也带来了自然教育发展的新机遇。正在推进的"双碳""双减"等政策，赋予了自然教育新任务新使命新要求。正在实施的生态文明、乡村振兴等国家重大战略，刚刚实施的湿地保护法和正在研制的国家公园法等重要法律法规，陆续颁布的林草、旅游、教育等各类"十四五"规划，都对自然教育、自然体验、自然游憩等做出了明确部署，吹来了政策春风。我们要以时不我待的紧迫感、舍我其谁的使命感、担当作为的责任感，积极推动中国自然教育高质量发展！

2022年是进入全面建设社会主义现代化国家、向第二个百年奋斗目标进军的重要一年。党的二十大即将胜利召开，在这一重要时间节点上，我们在北京隆重举办2022中国自然教育大会，积极推动中国自然教育高质量发展，对于深入贯彻落实习近平生态文明思想、建设美丽中国和推进绿色发展具有重大意义！

今天，有关政府部门、企事业单位、社会组织、公益组织、自然教育从业机构、自然保护地管理机构、城市公园、郊野公园和新闻媒体线上线下的数千余名代表汇聚一堂，共商推进中国自然教育发展大计，必将为推进中国自然教育做出重大贡献！我们设置了1个北京主会场，6个地方分会场，12个平行分会场，邀请了近百名国内外有关专家学者，分享各地自然教育经验、开展自然教育理论研讨和交流。我们发动了全国一千个公园、一千个自然教育学校开展"千园千校，一起向自然"的自然教育嘉年华活动，获得了28个省（自治区、直辖市）76个地级市上千家单位的积极响应，再次彰显了自然的魅力、行业的力量和公众的热情！我们还将公布一批自然教育团体标准、认定一批优秀的自然教育学校（基地）、推荐一批优秀的自然教育教材、书籍，等等，打造中国自然教育发展的最高展示平台！

这次大会的主题是"融合·共享 新时代自然教育的新启航"。这既是中国自然教育发展的根本要求，也是每一个自然教育工作者的殷切希望。推动新时代自然教育新起航，我们要重点做好以下几方面工作：

新时代自然教育新起航，要秉持"开放、自愿、合作、共享、包容、服务"的理念，广泛凝聚社会力量，积极满足受众群体的新期待新需求。

新时代自然教育新起航，要不断完善自然教育行业相关标准、指南、规范，推动自然教育标准化规范化建设，走理性、规范、成熟、健康的自然教育发展道路。

新时代自然教育新起航，要加强对各类自然保护地，各类自然教育机构、学校等人员的专业培训，提升自然教育队伍服务能力。

新时代自然教育新起航，要强化项目设计、课程开发、教材编撰、基地建设，增强风险意识，加快资源整合，不断提高自然教育机构管理运营能力。

新时代自然教育新起航，要及时总结经验，深化理论研究，把握科学规律，用科学的理论指导自然教育实践的健康发展。

新时代自然教育新起航，要充分利用互联网＋、大数据等现代信息技术，建设自然教育的宣传队、播种机，为自然教育发展营造良好的社会环境。

同志们！今天取得的成就，是历史性的抵达，也是开创性的出发，新时代的自然教育已经扬帆起航！在此，我们呼吁：

有关政府部门进一步加大对自然教育的支持和帮助，创造更有利于自然教育发展的政策环境，积极推动自然教育高质量发展。

各类自然保护地和城市公园进一步扩大开放提升服务，加强自然教育软硬件建设，开发各具特色的自然教育项目和课程，进一步发挥自然保护地社会功能，服务全国自然教育高质量发展。

广大公众特别是青少年积极走进自然接受教育，到郊野中去，到森林中去，到高山、到大海、到大自然的每一处去，与自然对话，向自然学习。大自然是人类最好的老师！

我们特别倡议，将每年 7 月的第二个星期六设立为全国自然日，让所有大自然的孩子，无论你身处何处，无论你年长年幼，无论你贫穷富裕，在这一天都能回到自然的怀抱，享受自然的乐趣。

同志们、朋友们！千千万万热爱自然的老师们、同学们！让我们聚力同心、携起手来，高举习近平新时代中国特色社会主义思想伟大旗帜，永葆热爱自然的赤子之心，奋力开拓人与自然和谐共生的美好未来！

预祝大会圆满成功！

谢谢大家！

中国林学会理事长　全国自然教育总校校长

赵树丛

2022 年 9 月

后　记

随着您翻阅至本书的最后，我们共同完成了一段关于中国自然教育发展的回溯与探索。在这篇后记中，我们想邀请您一同感受本书诞生背后的思考与努力。

"中国自然教育发展报告"呈现出的不仅是一份数据和分析汇编，也体现了我们对自然教育领域的深刻洞察，更是对我国自然教育未来发展的一份承诺。2019年起，中国林学会牵头开展了对我国自然教育发展情况的调研，我们坚持每年对我国自然教育现状进行全面分析，以期捕捉和记录自然教育的每一个坚实脚步和存在的挑战。

值2024中国自然教育大会之际，我们本着全面回顾、查缺补漏、热忱期许之心，精心整理和校对了2019年度至2022年度的自然教育发展报告，并编撰成册，期望以此为自然教育行业的健康发展贡献绵薄之力。

在调研与出版的过程中，我们得到了众多政府部门、管理单位、自然教育机构、基地及个人的大力支持。大家提供的数据和见解是本书能够面世的基石。中国工程院蒋剑春院士、张守攻院士给予我们悉心指导、热情支持。同时，我们也得到了诸多高校专家学者的专业支持，他们的专业力量为本次调研提供了坚实的技术支撑。在此，我们向所有参与和支持本书编著的机构和个人表达最深切的感谢。

自然教育的重要性正在不断被认识和重申。自国家林业和草原局发布《关于充分发挥各类自然保护地社会功能，大力开展自然教育工作的通知》以来，我们欣喜地看到越来越多的自然教育利好政策相继出台。

本书的出版，旨在为自然教育行业的可持续发展提供参考与启示。我们期待它能够把握我国自然教育发展的最新趋势，评估政策实施效果，促进理论交流，指导实践操作。我们也希望吸引更多有志之士加入自然教育行列，共同构建多元、健康、可持续的发展业态。

在生态文明建设进程中，每个人都不可或缺，让我们以本书面世为新的起点，继续在推动自然教育高质量发展的道路上砥砺前行、探索创新。愿我们的心灵与大自然同频共振，愿我们的行动与时代脉搏融合共进，共同书写自然教育发展新篇章，为实现人与自然和谐共生的中国式现代化不懈努力。